U0326264

高职高专实验实训"十二五"规划教材

# 单片机应用技术实验实训指导

主　编　佘　东
副主编　周泽军

北　京

冶金工业出版社

2020

## 内 容 简 介

本书共分4个部分，主要内容包括实验实训系统介绍、基本电路介绍、实验指导与实训指导。实验指导包括20个硬件实验与12个软件实验，实训指导部分包含基础应用练习与综合应用练习。

本书为高职高专院校电气自动化技术、机电一体化技术、电子信息工程技术、生产过程自动化等专业实验教学用书，也可供相关专业的技术人员参考。

**图书在版编目（CIP）数据**

单片机应用技术实验实训指导/佘东主编 . —北京：冶金工业
出版社，2015.7（2020.2重印）
高职高专实验实训"十二五"规划教材
ISBN 978-7-5024-6988-7

Ⅰ.①单…　Ⅱ.①佘…　Ⅲ.①单片微型计算机—高等职业
教育—教学参考资料　Ⅳ.①TP368.1

中国版本图书馆CIP数据核字（2015）第158120号

出 版 人　陈玉千
地　　址　北京市东城区嵩祝院北巷39号　邮编　100009　电话　（010）64027926
网　　址　www.cnmip.com.cn　电子信箱　yjcbs@cnmip.com.cn
责任编辑　俞跃春　杜婷婷　美术编辑　彭子赫　版式设计　葛新霞
责任校对　卿文春　责任印制　李玉山
ISBN 978-7-5024-6988-7

冶金工业出版社出版发行；各地新华书店经销；三河市双峰印刷装订有限公司印刷
2015年7月第1版，2020年2月第3次印刷
787mm×1092mm　1/16；11.5印张；271千字；172页
**29.00元**

冶金工业出版社　投稿电话　（010）64027932　投稿信箱　tougao@cnmip.com.cn
冶金工业出版社营销中心　电话　（010）64044283　传真　（010）64027893
冶金工业出版社天猫旗舰店　yjgycbs.tmall.com
（本书如有印装质量问题，本社营销中心负责退换）

# 前　言

"单片机应用技术"是一门实践性、应用性较强的课程，编者根据课程的教学特点及多年积累的单片机教学经验，并结合北京精仪达盛科技有限公司开发的"EL-MUT-Ⅲ单片机/微机实验系统"，编写了这本与《单片机应用技术》（冶金工业出版社 2015 年 8 月出版）配套的实验实训教材。

本书主要包括四部分内容。第一部分总体介绍实验实训系统；第二部分从整机、硬件资源及整机测试到单元电路等环节介绍实验实训基本电路；第三部分实验指导分别介绍了硬件实验和软件实验，这些实验涉及的内容均为单片机应用技术的常见内容，教师可根据教学进度来选择实验以及安排实验顺序；第四部分介绍了几个实训项目，其目的是进一步提高学生在单片机方面的综合应用能力。

本书要求学生在 EL-MUT-Ⅲ单片机实验箱及相应的扩展模块上设计与连接电路，利用北京精仪达盛科技有限公司开发的 MCS51 编译调试软件或 Keil C51 编译调试软件、Proteus 虚拟仿真软件等，完成实验实训项目的训练，实现单片机系统方案设计、硬件电路连接、软件程序编写、在线仿真调试以及程序下载运行等单片机系统开发的全过程，让学生从实验实训中进一步理解单片机外围接口芯片使用方法以及单片机控制系统的设计方法。

为了提高教学效率，减轻教师和学生的负担，在每个实验实训课题中都附有参考程序，这些程序既不是唯一的，也不一定是最佳的，仅供参考。

本书由佘东担任主编，周泽军担任副主编，参加编写工作的还有李淑芬、徐奉弟、柯雄飞、王琼芳、杨文伟（鞍钢集团信息产业有限公司）等。

由于水平有限，书中不妥之处，敬请读者提出宝贵意见和建议。

编　者
2015 年 6 月

# 目　录

# 1 实验实训系统介绍

## 1.1 实验实训系统硬件特点

本实验实训系统硬件采用北京精仪达盛科技有限公司的集实验、开发与应用为一体的 EL-MUT-Ⅲ型微机/单片机教学实验系统。系统具有以下特点：

（1）系统采用了模块化设计，实验系统功能齐全，涵盖了微处理器教学实验课程的大部分内容。

（2）系统采用开放式结构设计，通过两组相对独立的总线最多可同时扩展两块应用实验板，用户可根据需要购置相应实验板，降低了成本，提高了灵活性，便于升级换代。

（3）配有两块可编程器件 EPM7064/ATF1502，一块被系统占用。另一块供用户实验用。两块器件皆可通过 JTAG 接口在线编程，使用十分方便。

（4）系统配有 LED 数码管显示和点阵式液晶显示模块，二者的接口都对用户开放，方便用户灵活使用。

（5）系统配有完善的输入键盘，方便用户灵活编程。

（6）灵活的电源接口：配有 PC 机电源插座，可由 PC 提供电源。另外还配有外接开关电源，提供所需的 +5V、±12V 电源，其输入为 220V 的交流电。

（7）系统的单机运行模式：系统在没有与计算机连接的情况下，自动运行在单机模式，在此模式下，用户可通过键盘输入运行程序（机器码）和操作指令，同时将输入信息及操作的结果在 LED 数码管上显示出来。

（8）系统功能齐全，可扩展性强。本实验系统不仅完全能满足教学大纲规定的基本接口芯片实验，其灵活性和可扩展性（数据总线、地址总线、控制总线为用户开放）亦能轻松满足其课程设计、毕业设计使用等。

## 1.2 实验实训系统软件特点

（1）MCS51 调试软件。MCS51 调试软件集成开发环境是专为 EL-MUT-Ⅲ型微机/单片机教学实验系统开发的多窗口源程序级开发调试软件。它的多窗口技术为用户提供了一个极为友好而方便的人机界面，使用起来灵活方便。它集编辑、编译、连接、调试于一体，极大地方便程序的修改及调试，提高了程序开发的效率。

（2）Keil C 编译调试软件与 Proteus 虚拟仿真软件。这两个软件是集编辑、编译、调试、运行为一体的单片机开发软件，功能强大、界面友好、使用方便，可以不借助单片机硬件实验系统，方便地完成单片机实验实训项目的开发及虚拟仿真运行。

## 1.3 8051 系统概述

（1）微处理器：80C31，其 P1 口、P3 口皆对用户开放，供用户使用。

（2）时钟频率：6.0MHz。

（3）存储器：如图 1-1 所示，程序存储器与数据存储器统一编址，最多可达 64kB。板载 ROM（监控程序 27C256）12kB；RAM1（程序存储器 6264）8kB，供用户下载实验程序，可扩展达 32kB；RAM2（数据存储器 6264）8kB，供用户程序使用，可扩展达 32kB（RAM 程序存储器与数据存储器不可同时扩至 32kB）。

在程序存储器中，0000H ~ 2FFFH 为监控程序存储器区，用户不可用；3000H ~ 3FFFH 为用户数据存储区；4000H ~ 7FFFH 为用户实验程序存储区，供用户下载实验程序；8000H ~ CF9FH，CFF0H ~ FFFFH 为用户 CPLD 试验区段；CFA0H ~ CFEFH 为系统 I/O 区，用户可用但不可更改。

注意：因用户实验程序区位于 4000H ~ 7FFFH，用户在编写实验程序时要注意，程序的起始地址应为 4000H，所用的中断入口地址均应在原地址的基础上加上 4000H。例如：外部中断 0 的原中断入口为 0003H，用户实验程序的外部中断 0 的中断程序入口为 4003H，其他类推，见表 1-1。

图 1-1　存储器系统组织图

（图中标注）
- FFFFH — 用户 I/O 区 — CFF0H
- CFEFH — 系统 I/O 区 — CFA0H
- CF9FH — 用户 I/O 区 — 8000H
- 7FFFH — RAM2 用户实验程序区 供用户下载实验程序 — 4000H
- 3FFFH — RAM1 用户实验程序数据区 — 3000H
- 2FFFH — ROM 系统监控程序区 — 0000H

**表 1-1　用户中断程序入口地址表**

| 中断名称 | 8051 原中断程序入口地址 | 用户实验程序响应程序入口地址 |
| --- | --- | --- |
| 外中断 0 | 0003H | 4003H |
| 定时器 0 中断 | 000BH | 400BH |
| 外中断 1 | 0013H | 4013H |
| 定时器 1 中断 | 001BH | 401BH |
| 串行口中断 | 0023H | 4023H |

（4）资源分配：本系统采用可编程逻辑器件（CPLD）EPM7128 做地址的编译码工作，可通过芯片的 JTAG 接口与 PC 机相连，对芯片进行编程。此单元也分两部分：一部分为系统 CPLD，完成系统器件，如监控程序存储器、用户程序存储器、数据存储器、系统显示控制器、系统串行通讯控制器等的地址译码功能，同时也由部分地址单元经译码后输出（插孔 CS0 ~ CS5）给用户使用，它们的地址固定，用户不可改变，具体的对应关系见表 1-2；另一部分为用户 CPLD，它完全对用户开放，用户可在一定的地址范围内，进行编译码，输出为插孔 LCS0 ~ LCS7，用户可用的地址范围见表 1-2。注意：用户的地址不能与系统相冲突，否则将导致错误。

**表 1-2　CPLD 地址分配表**

| 地址范围 | 输出孔/映射器件 | 性质（系统/用户） |
| --- | --- | --- |
| 0000H ~ 2FFFH | 监控程序存储器 | 系统[①] |
| 3000H ~ 3FFFH | 数据存储器 | 系统[①] |
| 4000H ~ 7FFFH | 用户程序存储器 | 系统[①] |

| 地址范围 | 输出孔/映射器件 | 性质（系统/用户） |
|---|---|---|
| 8000H ~ BFFFH | LCS0 ~ LCS7 | 用户 |
| CFE0H | PC 机串行通讯芯片 8250 | 系统① |
| CFE8H | 显示、键盘芯片 8279 | 系统 |
| CFA0H ~ CFA7H | CS0 | 系统 |
| CFA8H ~ CFAFH | CS1 | 系统 |
| CFB0H ~ CFB7H | CS2 | 系统 |
| CFB8H ~ CFBFH | CS3 | 系统 |
| CFC0H ~ CFC7H | CS4 | 系统 |
| CFC8H ~ CFCFH | CS5 | 系统 |
| CFF0H ~ FFFFH | LCS0 ~ LCS7 | 用户 |

①系统地址中，除了这些用户不可用且不可改外，其他系统地址用户可用但不可改。

# 1.4 实验实训项目

## 1.4.1 实验项目

### 1.4.1.1 硬件实验

实验一 P1 口实验（一）

实验二 P1 口实验（二）

实验三 简单 I/O 口扩展实验（一）

实验四 简单 I/O 口扩展实验（二）

实验五 中断实验

实验六 定时器实验

实验七 8255A 可编程并行接口实验（一）

实验八 8255A 可编程并行接口实验（二）

实验九 数码显示实验

实验十 8279 显示接口实验（一）

实验十一 8279 键盘显示接口实验（二）

实验十二 串行口实验（一）

实验十三 串行口实验（二）

实验十四 D/A 转换实验

实验十五 A/D 转换实验

实验十六 存储器扩展实验

实验十七 8253 定时器实验

实验十八 8259 中断控制器实验

实验十九 CPLD 实验

实验二十 LCD 显示实验

### 1.4.1.2　软件实验

实验二十一　单片机编译调试软件使用

实验二十二　单片机虚拟仿真软件使用

实验二十三　循环彩灯软件仿真

实验二十四　中断键控彩灯软件仿真

实验二十五　加（减）1 计数器软件仿真

实验二十六　声音发生器软件仿真

实验二十七　静态计数数码显示软件仿真

实验二十八　动态计数数码显示软件仿真

实验二十九　交通灯软件仿真

实验三十　双机通信软件仿真

实验三十一　多机通信软件仿真

实验三十二　步进电动机的软件仿真

## 1.4.2　实训项目

实训项目一　单片机基础应用练习

　练习 1　一键多功能按键识别技术

　练习 2　4×4 矩阵式键盘识别技术

　练习 3　动态数码显示技术

实训项目二　单片机综合应用练习

　练习 1　简易秒表

　练习 2　电子密码锁

　练习 3　简易数字电压表

　练习 4　秒/时钟计时器

**基本电路介绍**

## 2.1 整机介绍

（1）EL型微处理器教学实验系统结构。EL型微处理器教学实验系统由电源、系统板、可扩展的实验模板、微机串口通信线、JTAG通信线及通用连接线组成。系统板的结构简图如图2-1所示。

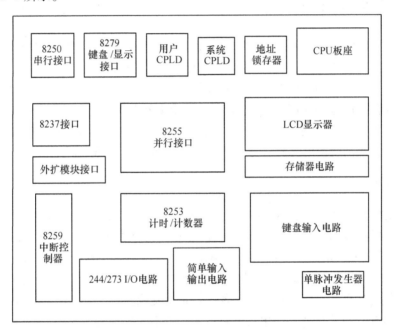

图 2-1 系统板的结构简图

（2）EL型微机教学实验系统外形美观，具有优良的电气特性、物理特性，便于安装，运行稳定，可扩展性强。

## 2.2 硬件资源

（1）可编程并口接口芯片8255一片。

（2）串行接口两片：一片8250芯片，用作与主机通讯或供用户编程实验系统。一片8051单片机的通讯端口。

（3）LED、键盘控制芯片8279一片，其地址已被系统固定为CFE8H、CFE9H。硬件系统要求编码扫描显示。

（4）独立的六位数码管显示及128×32点阵式液晶显示电路，应用灵活、方便。

（5）独立的3×8行列扫描键盘，可用于各种控制电路。

（6）ADC0809 A/D 转换芯片一片，其地址、通道 1~8 输入对用户开放。

（7）DAC0832 D/A 转换芯片一片，其地址对用户开放，模拟输出可调。

（8）8 位简单输入接口 74LS244 一个，8 位简单输出接口 74LS273 一个，其地址对用户开放。

（9）配有逻辑电平开关，发光二极管显示电路。

（10）配有一个可手动产生正、负脉冲的脉冲发生器。

（11）配有一个可自动产生正、负脉冲的脉冲发生器，按基频 6.0MHz 进行 1 分频（CLK0）、二分频（CLK1）、四分频（CLK2）、八分频（CLK3）、十六分频（CLK4）输出方波。

（12）配有一路 0~5V 连续可调模拟量输出（AN0）。

（13）配有可编程定时器 8253 一个，其地址、三个定时器的门控输入、控制输出均对用户开放。

（14）配有可编程中断控制器 8259 一个，其中断 IRQ 输入、控制输出均对用户开放。

（15）2 组总线扩展接口，最多可同时扩展 2 块应用实验板。

（16）配有两块可编程器件 EPM7064/AFT1502，一块被系统占用。另一块供用户实验用。两块器件皆可通过 JTAG 接口在线编程，使用十分方便。

（17）灵活的电源接口：配有 PC 机电源插座，可与 PC 机电源直接接驳。另外还配有外接开关电源，提供所需的 +5V，±12V 电源，其输入为 220V 的交流电。

## 2.3 整机测试

当系统上电后，数码管显示，TX 发光二极管闪烁，若没运行系统软件与上位机（PC）连接则 3s 后数码管显示 "P _"，若与上位机建立连接则显示 "C _"。此时系统监控单元（27256）、通讯单元（8250、MAX232）、显示单元（8279，75451，74LS244）、系统总线、系统 CPLD 正常。若异常则按以下步骤进行排除：

（1）按复位按键使系统复位，测试各芯片是否复位；

（2）断电检查单片机及上述单元电路芯片是否正确且接触良好；

（3）上电用示波器观察芯片片选及数据总线信号是否正常；

（4）若复位后 RX、TX 发光二极管闪烁，而显示不正常，则检查 8279 时钟信号，或断电调换显示单元芯片；

（5）若复位后 RX、TX 发光二极管不闪烁，则检查 8250 晶振是否有信号，或断电调换通讯单元芯片。

## 2.4 单元电路原理及测试

### 2.4.1 单脉冲发生器电路

（1）电路原理。该电路由一个按钮，1 片 74LS132 组成，具有消颤功能，正反相脉冲，相应输出插孔 P+、P-。

（2）电路测试。常态 P+ 为高电平，P- 为低电平；按钮按下时 P+ 为低电平，P- 为高电平。若异常可更换 74LS132。

### 2.4.2 脉冲产生电路

（1）电路原理。该电路由 1 片 74LS161、1 片 74LS04、1 片 74LS132 组成。CLK0 是 6MHz，输出时钟为该 CLK0 的 2 分频（CLK1）、4 分频（CLK2）、8 分频（CLK3）、16 分频（CLK4），相应输出插孔（CLK0 ~ CLK4）。

（2）电路测试。电路正常时，可通过示波器观察波形。若 CLK0 有波形而其他插孔无波形，更换 74LS161；若都无波形，则 74LS04、74LS132 或 6MHz 晶振有问题。

### 2.4.3 开关量输入输出电路

（1）电路原理。开关量输入电路由 8 只开关组成，每只开关有两个位置 H 和 L，一个位置代表高电平，一个位置代表低电平。对应的插孔是 S1 ~ S8。开关量输出电路由 8 只 LED 组成，对应的插孔分别为 LED1 ~ LED8，当对应的插孔接低电平时 LED 点亮。

（2）电路测试。开关量输入电路可通过万用表测其插座电压的方法测试，即开关的两种状态分别为低电平和高电平；开关量输出电路可通过在其插孔上接低电平的方法测试，当某插孔接低电平时相应二极管发光。

### 2.4.4 简单 I/O 口扩展电路

（1）电路原理。输入缓冲电路由 74LS244 组成，输出锁存电路由上升沿锁存器 74LS273 组成。74LS244 是一个扩展输入口，74LS273 是一个扩展输出口，同时它们都是一个单向驱动器，以减轻总线的负担。74LS244 的输入信号由插孔 IN0 ~ IN7 输入，插孔 CS244 是其选通信号，其他信号线已接好；74LS273 的输出信号由插孔 O0 ~ O7 输出，插孔 CS273 是其选通信号，其他信号线已接好。

（2）电路测试。当 74LS244 的 1、19 脚接低电平时，IN0 ~ IN7 与 DD0 ~ DD7 对应引脚电平一致；当 74LS273 的 11 脚接低电平再松开（给 11 脚一上升沿）后，O0 ~ O7 与 DD0 ~ DD7 对应引脚电平一致。或用简单 I/O 口扩展实验测试，即程序执行完读开关量后，74LS244 的 IN0 ~ IN7 与 DD0 ~ DD7 对应引脚电平一致；程序执行完输出开关量后，74LS273 的 O0 ~ O7 与 DD0 ~ DD7 对应引脚电平一致。

### 2.4.5 CPLD 译码电路

（1）电路原理。该电路由 EPM7128、EPM7032、IDC10 的 JTAG 插座、两 SIP3 跳线座组成。其中 EPM7128 为系统 CPLD，EPM7032 为用户 CPLD，它两共用一下 JTAG 插座，可通过跳线选择，当两跳线座都 1、2 相连时为系统 CPLD，当两跳线座都 2、3 相连时为用户 CPLD 使用。LCS0 ~ LCS7 为用户 CPLD 输出。用户不得对系统 CPLD 编程。

（2）电路测试。通过 CPLD 地址译码实验。

### 2.4.6 8279 键盘、显示电路

（1）电路原理。8279 显示电路由六位共阴极数码管显示，74LS244 为段驱动器，

75451 为位驱动器，可编程键盘电路由 1 片 74LS138 组成，8279 的数据口、地址、读写线、复位、时钟、片选都已经接好，键盘行列扫描线均有插孔输出。键盘行扫描线插孔号为 KA0 ~ KA3；列扫描线插孔号为 RL0 ~ RL7；8279 还引出 CTRL、SHIFT 插孔。六位数码管的位选、段选信号可以从 8279 引入，也可以有外部的其他电路引入。

（2）电路测试。六位数码管电路的测试：除去电路板上数码管右侧的跳线，系统加点，用导线将插孔 LED1 接低电平（GND），再将插孔 LED- A、LED- B、LED- C、LED- D、LED-E、LED-F、LED-G、LED-DP 依次接高电平（VCC），则数码管 SLED1 的相应段应点亮，如果所有的段都不亮，则检查相应的芯片 75451，如果个别段不亮，则检查该段的连线及数码管是否损坏。

用同样的方法依次检查其他数码管。

8259 显示、键盘控制芯片电路的测试：加上数码管右边的所有短路线，复位系统，应能正常显示。否则检查 8279 芯片、244 芯片、138 芯片是否正常。

### 2.4.7　8250 串行接口电路

（1）电路原理。该电路由一片 8250，一片 MAX232 组成，该电路所有信号线均已接好。

（2）电路测试。见整机测试。

### 2.4.8　8255 并行接口电路

（1）电路原理。该电路由 1 片 8255 组成，8255 的数据口、地址、读写线、复位控制线均已接好，片选输入端插孔为 8255CS，A、B、C 三端口的插孔分别为：PA0 ~ PA7，PB0 ~ PB7，PC0 ~ PC7。

（2）电路测试。检查复位信号，通过 8255 并行口实验，程序全速运行，观察片选、读、写、总线信号是否正常。

### 2.4.9　8237 DMA 传输电路

（1）电路原理。该电路由一片 8237、一片 74LS245、一片 74LS273、一片 74LS244 组成，DRQ0、DRQ1 是 DMA 请求插孔，DACK0、DACK1 是 DMA 响应信号插孔。SN74LS373 提供 DMA 期间高八位地址的锁存，低八位地址由端口 A0 ~ A7 输出。74LS245 提供高 8 位存储器的访问通道。DMA0 ~ DMA3 是 CPU 对 8237 内部寄存器访问的通路。

（2）电路测试。检查复位信号，通过 DMA 实验，程序全速运行，观察片选、读、写、总线信号是否正常。

### 2.4.10　A/D、D/A 电路

（1）电路原理。八路八位 A/D 实验电路由一片 ADC0809、一片 74LS04、一片 74LS32 组成，该电路中，ADIN0 ~ ADIN7 是 ADC0809 的模拟量输入插孔，CS0809 是 0809 的 AD 启动和片选的输入插孔，EOC 是 0809 转换结束标志，高电平表示转换结束。齐纳二极管 LM336 – 5 提供 5V 的参考电源，ADC0809 的参考电压，数据总线输出，通

道控制线均已接好，八位双缓冲 D/A 实验电路由一片 DAC0832、一片 74LS00、一片 74LS04、一片 LM324 组成，该电路中除 DAC0832 的片选未接好外，其他信号均已接好，片选插孔标号 CS0832。输出插孔标号 DAOUT。该电路为非偏移二进制 D/A 转换电路，通过调节 POT3，可调节 D/A 转换器的满偏值，调节 POT2，可调节 D/A 转换器的零偏值。

（2）电路测试。检查复位信号，通过 A/D、D/A 实验，程序全速运行，观察片选、读、写、总线信号是否正常。

### 2.4.11 8253 定时器/计数器电路

（1）电路原理。该电路由 1 片 8253 组成，8253 的片选输入端插孔 CS8253，数据口、地址、读写线均已接好，T0、T1、T2 时钟输入分别为 8253CLK0、8253CLK1、8253CLK2。T0、T1、T2 的输出与 GATE 控制分别为 OUT0、GATE0，OUT1、GATE1，OUT2、GATE2。

注：GATE 信号无输入时为高电平。

（2）电路测试。检查复位信号，通过 8253 定时器/计数器接口实验，程序全速运行，观察片选、读、写、总线信号是否正常。

### 2.4.12 8259 中断控制电路

（1）电路原理。CS8259 是 8259 芯片的片选插孔，IR0 ~ IR7 是 8259 的中断申请输入插孔。DDBUS 是系统 8 位数据总线。INT 插孔是 8259 向 8086CPU 的中断申请线，INTA 是 8086 的中断应答信号。

（2）电路测试。检查复位信号，通过 8259 中断控制器实验，程序全速运行，观察片选、读、写、总线信号是否正常。

### 2.4.13 存储器电路

（1）电路原理。该电路由一片 2764、一片 27256、一片 6264、一片 62256、三片 74LS373 组成，2764 提供监控程序高八位，27256 提供监控程序低八位，6264 提供用户程序及数据存储高八位，2764 提供监控程序低八位，74LS373 提供地址信号。ABUS 表示地址总线，DBUS 是数据总线。D0 ~ D7 是数据总线低八位，D8 ~ D15 是数据总线高八位。其他控制总线，如 MEMR，MEMW 和片选线均已接好。在 8086 系统中，存储器分成两部分，高位地址部分（奇字节）和低位地址部分（偶字节）。当 A0 = 1 时，片选信号选中奇字节；当 A0 = 0 时，选中偶字节。

（2）电路测试。监控正常则 2764、27256、74LS373 没问题，用户程序可正常运行则 6264、62256 没问题。检查复位信号，通过存储器读写实验，程序全速运行，观察片选、读、写、总线信号是否正常。

### 2.4.14 六位 LED 数码管驱动显示电路

（1）电路原理。该电路由六位 LED 数码管、位驱动电路、端输入电路组成，数码管采用动态扫描的方式显示。用 75451 作数码管的位驱动。跳线开关用于选择数码管的显示源，可外接，也可选择 8279 芯片。

（2）电路测试。去除短路线，系统加电，将插孔 LED-1 与 GND 短接，用电源的 VCC 端依次碰触插孔 LED-A ~ LED-DP，观察最左边的数码管的显示段依次发亮，则可断定此位数码管显示正常，否则检查芯片 75451 及连线。

依次检查其他各位数码管电路。

## 2.4.15　LCD 显示电路

点阵式 LCD 显示电路是在系统板上外挂电正式液晶显示模块，模块的数据线状态、控制线都通过插孔引出。可直接与系统相连。

### 2.4.15.1　OCMJ2 ×8 液晶模块介绍及使用说明

OCMJ 中文模块系列液晶显示器内含 GB 2312 $16 \times 16$ 点阵国标一级简体汉字和 ASCII $8 \times 8$（半高）及 $8 \times 16$（全高）点阵英文字库，用户输入区位码或 ASCII 码即可实现文本显示。也可用作一般的点阵图形显示器之用。提供位点阵和字节点阵两种图形显示功能，用户可在指定的屏幕位置上以点为单位或以字节为单位进行图形显示。完全兼容一般的点阵模块。OCMJ 中文模块系列液晶显示器可以实现汉字、ASCII 码、点阵图形和变化曲线的同屏显示，并可通过字节点阵图形方式造字。本系列模块具有上/下/左/右移动当前显示屏幕及清除屏幕的命令。一改传统的使用大量的设置命令进行初始化的方法，OCMJ 中文模块所有的设置初始化工作都是在上电时自动完成的，实现了"即插即用"。同时保留了一条专用的复位线供用户选择使用，可对工作中的模块进行软件或硬件强制复位。规划整齐的 10 个用户接口命令代码，非常容易记忆。标准用户硬件接口采用 REQ/BUSY 握手协议，简单可靠。

### 2.4.15.2　硬件接口

接口协议为请求/应答（REQ/BUSY）握手方式。应答 BUSY 高电平（BUSY = 1）表示 OCMJ 忙于内部处理，不能接收用户命令；BUSY 低电平（BUSY = 0）表示 OCMJ 空闲，等待接收用户命令。发送命令到 OCMJ 可在 BUSY = 0 后的任意时刻开始，先把用户命令的当前字节放到数据线上，接着发高电平 REQ 信号（REQ = 1）通知 OCMJ 请求处理当前数据线上的命令或数据。OCMJ 模块在收到外部的 REQ 高电平信号后立即读取数据线上的命令或数据，同时将应答线 BUSY 变为高电平，表明模块已收到数据并正在忙于对此数据的内部处理，此时，用户对模块的写操作已经完成，用户可以撤销数据线上的信号并可作模块显示以外的其他工作，也可不断地查询应答线 BUSY 是否为低（BUSY = 0?），如果 BUSY = 0，表明模块对用户的写操作已经执行完毕。可以再送下一个数据。如向模块发出一个完整的显示汉字的命令，包括坐标及汉字代码在内共需 5 个字节，模块在接收到最后一个字节后才开始执行整个命令的内部操作，因此，最后一个字节的应答 BUSY 高电平（BUSY = 1）持续时间较长，具体的时序图和时间参数说明查阅相关手册。

### 2.4.15.3　用户命令

用户通过用户命令调用 OCMJ 系列液晶显示器的各种功能。命令分为操作码及操作数两部分，操作数为十六进制。

A 显示国标汉字

命令格式：F0 XX YY QQ WW

该命令为5字节命令（最大执行时间为1.2ms，Ts2 = 1.2ms）。

其中，XX：以汉字为单位的屏幕行坐标值，取值范围00到07、02到09、00到09；

YY：以汉字为单位的屏幕列坐标值，取值范围00到01、00到03、00到04；

QQ WW：坐标位置上要显示的GB 2312汉字区位码。

B 显示8×8 ASCII字符

命令格式：F1 XX YY AS

该命令为4字节命令（最大执行时间为0.8ms，Ts2 = 0.8ms）。

其中，XX：以ASCII码为单位的屏幕行坐标值，取值范围00到0F、04到13、00到13；

YY：以ASCII码为单位的屏幕列坐标值，取值范围00到1F、00到3F、00到4F；

AS：坐标位置上要显示的ASCII字符码。

C 显示8×16 ASCII字符

命令格式：F9 XX YY AS

该命令为4字节命令（最大执行时间为1.0ms，Ts2 = 1.0ms）。

其中，XX：以ASCII码为单位的屏幕行坐标值，取值范围00到0F、04到13、00到13；

YY：以ASCII码为单位的屏幕列坐标值，取值范围00到1F、00到3F、00到4F；

AS：坐标位置上要显示的ASCII字符码。

D 显示位点阵

命令格式：F2 XX YY

该命令为3字节命令（最大执行时间为0.1ms，Ts2 = 0.1ms）。

其中，XX：以1×1点阵为单位的屏幕行坐标值，取值范围00到7F、20到9F、00到9F；

YY：以1×1点阵为单位的屏幕列坐标值，取值范围00到40、00到40、00到40。

E 显示字节点阵

命令格式：F3 XX YY BT

该命令为4字节命令（最大执行时间为0.1ms，Ts2 = 0.1ms）。

其中，XX 以1×8点阵为单位的屏幕行坐标值，取值范围00到0F、04到13、00到13；

YY：以1×1点阵为单位的屏幕列坐标值，取值范围00到1F、00到3F、00到4F；

BT：字节像素值，0显示白点，1显示黑点（显示字节为横向）。

F 清屏

命令格式：F4

该命令为单字节命令（最大执行时间为 11ms，Ts2 = 11ms），其功能为将屏幕清空。

G　上移

命令格式：F5

该命令为单字节命令（最大执行时间为 25ms，Ts2 = 25ms），其功能为将屏幕向上移一个点阵行。

H　下移

命令格式：F6

该命令为单字节命令（最大执行时间为 30ms，Ts2 = 30ms），其功能为将屏幕向下移动一个点阵行。

I　左移

命令格式：F7

该命令为单字节命令（最大执行时间为 12ms，Ts2 = 12ms），其功能为将屏幕向左移动一个点阵行。

J　右移

命令格式：F8

该命令为单字节命令（最大执行时间为 12ms，Ts2 = 12ms），其功能为将屏幕向右移动一个点阵行。

### 2.4.15.4　显示窗口坐标关系

显示窗口坐标关系如图 2-2 所示。

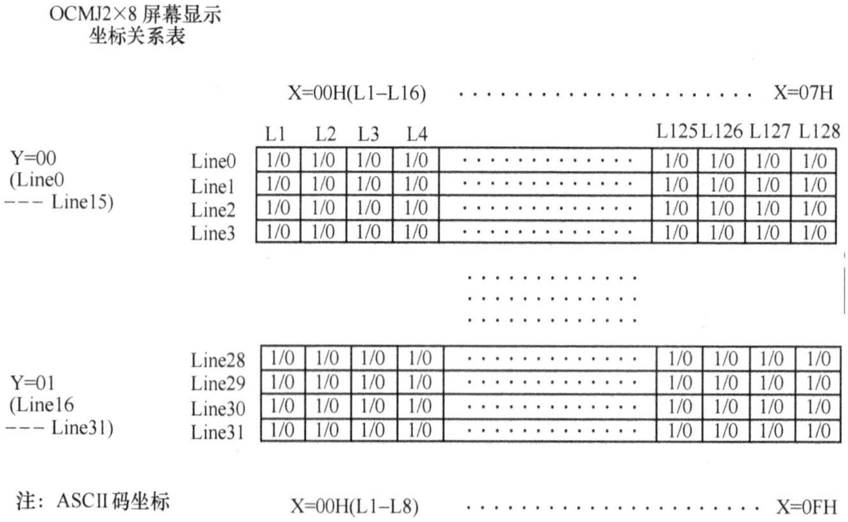

图 2-2　显示窗口坐标关系

以上列表为汉字、ASCII 码显示屏幕坐标（ASCII 码 Y 坐标以点阵坐标为准）。如显示图形点阵，则以 128×64（OCMJ4×8）或 128×32（OCMJ2×8）点阵坐标为准，可在屏幕任意位置显示。

### 2.4.15.5 OCMJ2×8 液晶模块外部连接原理图及接口说明

OCMJ2×8 液晶模块外部连接如图 2-3 所示。

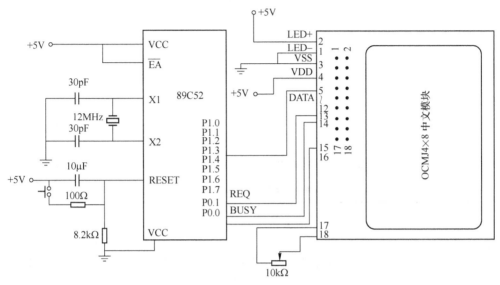

模块引脚：1 LED–  3 VSS    5～12  DB0～7  13 REQ    15 RESET  17 RT1
　　　　　2 LED+  4 VDD(+5V)           14 BUSY   16 NC     18 RT2

图 2-3  OCMJ2×8 液晶模块外部连接

模块上 DB0～DB7 插孔对应于 8 位数据线；BUSY、REQ 插孔分别对应于图中相应的引脚。

### 2.4.16  3×8 扫描键盘电路

（1）电路原理。键盘采用行列扫描的方式。其中 SHIFT、CTRL 两键通过检查是否与 GND 相连来判断按键是否按下。

（2）电路测试。系统加电，首先用万用表的电压挡依次测试各个插孔的电压，在无键按下的情况下，共 13 个插孔的电压皆为 VCC 电压，否则检查故障插孔相关的电路。

上述检查无误后，将插孔 KA10 与 GND 短路，依次按键，插孔 RL10～RL17 应有一个电压将为 GND 电压，并且每当一个按键按下时，仅有一个对应插孔的电压降低。否则检查相应的按键是否正常。最后依次检查 KA11、KA12。

## 2.5  扩展板安装及其接口定义、使用

为方便设计其他实验模块，系统设计了两个总线扩展接口，用户最多可同时扩展两块模块。

### 2.5.1  扩展接口说明

两个总线扩展接口在实验箱的左下角的位置，其结构如图 2-4 所示（单位：mm）。

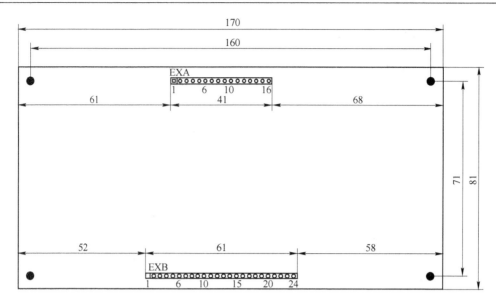

图 2-4　扩展总线结构

　　为增强稳定性，上方 16 脚的接口座（EXA）采用 32 脚双排座，上 16 脚分别与下 16 脚短接，例如：1 脚与 2 脚短接，3 脚与 4 脚短接等。同理，下方 24 脚接口座（EXB）采用 48 脚双排座。各脚的定义见硬件介绍部分的接口定义说明。其中：CS0 ~ CS4 为系统 CPLD 产生的片选信号；LCS0 ~ LCS3 为用户 CPLD 产生的片选信号；DA0 ~ DA7 为低 8 位地址总线，A8 ~ A11 为高 4 位地址总线；DD0 ~ DD7 为低 8 位数据总线；ALE、IOWR、IORD 均来自 CPU，分别为地址锁存、IO 写、IO 读信号。用户可根据以上定义及尺寸自行设计接口模块。

### 2.5.2　扩展模块的安装和测试

　　（1）关断电源，将扩展模块插到实验箱的任意一组接口座上，应使插针与插座紧密接触并且不能有错位（注：两组接口完全一致，可互换）。

　　（2）上电，观察系统能否正常复位，数码管是否显示正常，模块上电源指示灯是否正常。

　　（3）若不正常，关电，拔下扩展模块，先检查实验箱工作是否正常。若正常，则检查接口座上的 + 5V、+ 12V、– 12V 电压和 GND 是否正常，若也正常则说明扩展模块有问题，应进行维修或更换。

### 2.5.3　扩展接口定义

　　为方便用户设计其他实验模块，本系统设计了两个总线扩展接口，用户最多可同时扩展两块模块，对用户来说十分方便，其主要性能指标及要求为：

　　（1）模块外形：170mm × 81mm。

　　（2）模块于系统的接口：通过两条 SIP 接口相连。各接口的定义见表 2-1。

表 2-1 接口定义

| EXA 插针定义 | | EXB 插针定义 | |
|---|---|---|---|
| 编　号 | 定　义 | 编　号 | 定　义 |
| 1 | VCC | 1 | LCS0 |
| 2 | VCC | 2 | LCS1 |
| 3 | GND | 3 | LCS2 |
| 4 | GND | 4 | LCS3 |
| 5 | DA0 | 5 | DA4 |
| 6 | DA1 | 6 | DA5 |
| 7 | DA2 | 7 | DA6 |
| 8 | DA3 | 8 | DA7 |
| 9 | DD0 | 9 | A8 |
| 10 | DD1 | 10 | A9 |
| 11 | DD2 | 11 | A10 |
| 12 | DD3 | 12 | A11 |
| 13 | DD4 | 13 | CS0 |
| 14 | DD5 | 14 | CS1 |
| 15 | DD6 | 15 | CS2 |
| 16 | DD7 | 16 | CS3 |
| | | 17 | ALE |
| | | 18 | IOWR |
| | | 19 | IORD |
| | | 20 | CS4 |
| | | 21 | +12V |
| | | 22 | +12V |
| | | 23 | −12V |
| | | 24 | −12V |

# 3 实验指导

## 3.1 硬件实验

### 3.1.1 实验一 P1 口实验（一）

#### 3.1.1.1 实验目的

（1）学习 P1 口的使用方法。

（2）学习延时子程序的编写和使用。

#### 3.1.1.2 实验内容

（1）P1 口做输出口，接 8 只发光二极管，编写程序，使发光二极管循环点亮。

（2）P1 口做输入口，接 8 个按钮开关，以实验箱上 74LS273 做输出口，编写程序读取开关状态，在发光二极上显示出来。

#### 3.1.1.3 实验设备及元器件

PC 机、EL-8051-Ⅲ型单片机实验箱。

#### 3.1.1.4 实验原理

P1 口为准双向口，P1 口的每一位都能独立地定义为输入位或输出位。作为输入位时，必须向锁存器相应位写入"1"，该位才能作为输入。8031 中所有口锁存器在复位时均置为"1"，如果后来在口锁存器写过"0"，在需要时应写入一个"1"，使它成为一个输入。

再来看一下延时程序的实现。现常用的有两种方法，一是用定时器中断来实现，一是用指令循环来实现。在系统时间允许的情况下可以采用后一种方法。

本实验系统晶振为 6.144MHz，则一个机器周期为 $12/6.144\mu s$ 即 $1/0.512\mu s$。现要写一个延时 0.1s 的程序，可大致写出如下：

```
        MOV   R7, #X        ; (1)
DEL1: MOV   R6, #200        ; (2)
DEL2: DJNZ  R6, DEL2        ; (3)
        DJNZ  R7, DEL1        ; (4)
```

上面 MOV、DJNZ 指令均需两个机器周期，所以每执行一条指令需要 $1/0.256\mu s$，现求出 $X$ 值：

$$1/0.256 + X(1/0.256 + 200 \times 1/0.256 + 1/0.256) = 0.1 \times 10^6$$

指令（1）　　　指令（2）　指令（3）　　　指令（4）

所需时间　　　所需时间　所需时间　　　所需时间

$X = (0.1 \times 10^6 - 1/0.256)/(1/0.256 + 200 \times 1/0.256/1/0.256) = 127D = 7FH$

经计算得 $X = 127$。代入上式可知实际延时时间约为 0.100215s，已经很精确了。

### 3.1.1.5 实验步骤

（1）用串行通信电缆将单片机实验装置与计算机相连。

（2）打开单片机实验装置电源，使其进入待命状态。

（3）按实验接线方法进行硬件连线。

（4）启动计算机，并运行已安装好的编辑调试软件 MCS51。

（5）按要求输入、编辑参考源程序，其扩展名为 .ASM。

（6）编译、调试源程序，确认正确无误后，下载到单片机实验箱中。

（7）运行程序，观察并记录程序运行的结果。

### 3.1.1.6 接线方法

（1）执行程序 1（T1_1.ASM）时：P1.0~P1.7 接发光二极管 L1~L8。

（2）执行程序 2（T1_2.ASM）时：P1.0~P1.7 接平推开关 K1~K8；74LS273 的 O0~O7 接发光二极管 L1~L8；74LS273 的片选端 CS273 接 CS0（由程序所选择的入口地址而定，与 CS0~CS7 相应的片选地址请查看实验实训系统中的系统资源分配，以后不再赘述）。

### 3.1.1.7 程序流程图

程序流程如图 3-1 所示。

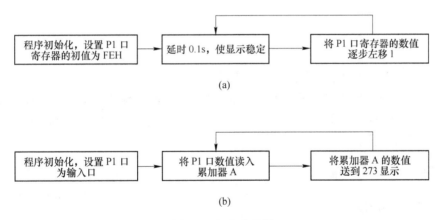

(a)

(b)

图 3-1 程序流程图

(a) 循环点亮发光二极管；(b) 通过发光二极管将 P1 口的状态显示

### 3.1.1.8 参考程序

（1）循环点亮发光二极管（T1_1.ASM）。

```
ORG      0000H
LJMP     START
ORG      4100H
```

```
START:      MOV     A, #0FEH
LOOP:       RL      A
            MOV     P1, A
            LCALL   DELAY
            JMP     LOOP
DELAY:      MOV     R1, #127
DEL1:       MOV     R2, #200
DEL2:       DJNZ    R2, DEL2
            DJNZ    R1, DEL1
            RET
            END
```

（2）通过发光二极管将 P1 口的状态显示（T1 _ 2. ASM）。

```
OUT _ PORT  EQU     0CFA0H
            ORG     0000H
            LJMP    START
            ORG     4100H
START:      MOV     P1, #0FFH           ；复位 P1 口为输入状态
            MOV     A, P1               ；读 P1 口的状态值入累加器 A
            MOV     DPTR, #OUT _ PORT   ；将输出口地址赋给地址指针 DPTR
            MOVX    @ DPTR, A
            JMP     START               ；继续循环监测端口 P1 的状态
            END
```

### 3.1.1.9　课后练习

（1）74LS273 的作用是什么，可否不使用它？

（2）在程序中，延长的时间是多少？如果想增大或减少延长时间，应如何修改程序？

（3）P1 口作为输出口时，连接 8 个发光二极管。若使 8 个发光二极管每隔一个交替闪烁，应如何修改程序？

## 3.1.2　实验二　P1 口实验（二）

### 3.1.2.1　实验目的

（1）学习 P1 口既作输入又作输出的使用方法。

（2）学习数据输入、输出程序的设计方法。

### 3.1.2.2　实验内容

运行实验程序，K1 作为左转弯开关，K2 作为右转弯开关。L5、L6 作为右转弯灯，L1、L2 作为左转弯灯。

结果显示：

（1）K1 接高电平 K2 接低电平时，右转弯灯（L5、L6）灭，左转弯灯（L1、L2）以

一定频率闪烁。

（2）K2 接高电平 K1 接低电平时，左转弯灯（L1、L2）灭，右转弯灯（L5、L6）以一定频率闪烁。

（3）K1、K2 同时接低电平时，发光二极管全灭。

（4）K1、K2 同时接高电平时，发光二极管全亮。

### 3.1.2.3 实验设备及元器件

PC 机、EL-8051-Ⅲ型单片机实验箱。

### 3.1.2.4 实验原理

P1 口的使用方法此处不再赘述。有兴趣者不妨将实验例程中"SETB P1.0，SETB P1.1"中的"SETB"改为"CLR"并观察结果。

另外，例程中给出了一种 N 路转移的常用设计方法，该方法利用了 JMP @ A + DPTR 的计算功能，实现转移。该方法的优点是设计简单，转移表短，但转移表大小加上各个程序长度必须小于 256 字节。

### 3.1.2.5 实验步骤

（1）用串行通信电缆将单片机实验装置与计算机相连。

（2）打开单片机实验装置电源，使其进入待命状态。

（3）按实验接线方法进行硬件连线。

（4）启动计算机，并运行已安装好的编辑调试软件 MCS51。

（5）按要求输入、编辑参考源程序，其扩展名为 .ASM。

（6）编译、调试源程序，确认正确无误后，下载到单片机实验箱中。

（7）运行程序，观察并记录程序运行的结果。

### 3.1.2.6 接线方法

（1）平推开关的输出 K1 接 P1.0；K2 接 P1.1；

（2）发光二极管的输入 L1 接 P1.2，L2 接 P1.3，L5 接 P1.4，L6 接 P1.5。

### 3.1.2.7 程序流程图

程序流程如图 3-2 所示。

### 3.1.2.8 参考程序（T2. ASM）

```
            ORG     0000H
            LJMP    START
            ORG     4100H
START:      SETB    P1.0
            SETB    P1.1         ；用于输入时先置位口内锁存器
            MOV     A, P1
```

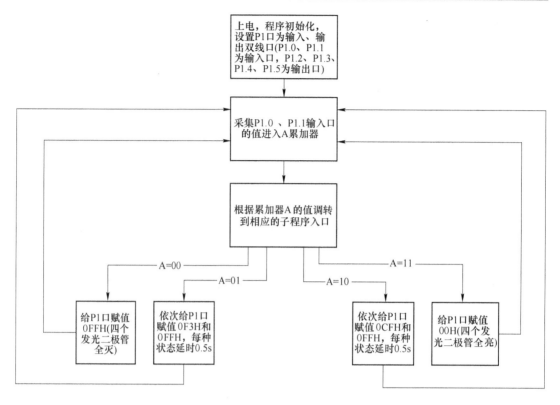

图 3-2　程序流程图

| | ANL | A, #03H | ; 从 P1 口读入开关状态，取低两位 |
|---|---|---|---|
| | MOV | DPTR, #TAB | ; 转移表首地址送 DPTR |
| | MOVC | A, @ A + DPTR | |
| | JMP | @ A + DPTR | |
| TAB: | DB | PRG0-TAB | |
| | DB | PRG1-TAB | |
| | DB | PRG2-TAB | |
| | DB | PRG3-TAB | |
| PRG0: | MOV | P1, #0FFH | ; 向 P1 口输出 0，发光二极管全灭 |
| | | | ; 此时 K1 = 0，K2 = 0 |
| | JMP | START | |
| PRG1: | MOV | P1, #0F3H | ; 只点亮 L1、L2，表示左转弯 |
| | ACALL | DELAY | ; 此时 K1 = 1，K2 = 0 |
| | MOV | P1, #0FFH | ; 再熄灭 0.5s |
| | ACALL | DELAY | ; 延时 0.5s |
| | JMP | START | |
| PRG2: | MOV | P1, #0CFH | ; 只点亮 L5、L6，表示右转弯 |
| | ACALL | DELAY | ; 此时 K1 = 0，K2 = 1 |
| | MOV | P1, #0FFH | |
| | ACALL | DELAY | |
| | JMP | START | |

```
PRG3:    MOV      P1, #00H        ; 发光二极管全亮, 此时 K1 = 1, K2 = 1
         JMP      START
DELAY:   MOV      R1, #5          ; 延时 0.5s
DEL1:    MOV      R2, #200
DEL2:    MOV      R3, #126
DEL3:    DJNZ     R3, DEL3
         DJNZ     R2, DEL2
         DJNZ     R1, DEL1
         RET
         END
```

### 3.1.2.9 课后练习

(1) 设计 P1 口输出控制循环彩灯的程序。

(2) 编写软件延时程序。

## 3.1.3 实验三 简单 I/O 口扩展实验 (一)

### 3.1.3.1 实验目的

(1) 学习在单片机系统中扩展简单 I/O 接口的方法。

(2) 学习数据输出程序的设计方法。

(3) 学习模拟交通灯控制的实现方法。

### 3.1.3.2 实验内容

扩展实验箱上的 74LS273 作为输出口，控制 8 个发光二极管亮灭，模拟交通灯管理。

### 3.1.3.3 实验设备及元器件

PC 机、EL-8051-Ⅲ型单片机实验箱。

### 3.1.3.4 实验原理

要完成本实验，首先必须了解交通路灯的亮灭规律。本实验需要用到实验箱上 8 个发光二极管中的 6 个，即红、黄、绿各两个。不妨将 L1（红）、L2（绿）、L3（黄）作为东西方向的指示灯，将 L5（红）、L6（绿）、L7（黄）作为南北方向的指示灯。而交通灯的亮灭规律为：初始态是两个路口的红灯全亮，之后，东西路口的绿灯亮，南北路口的红灯亮，东西方向通车，延时一段时间后，东西路口绿灯灭，黄灯开始闪烁。闪烁若干次后，东西路口红灯亮，而同时南北路口的绿灯亮，南北方向开始通车，延时一段时间后，南北路口的绿灯灭，黄灯开始闪烁。闪烁若干次后，再切换到东西路口方向，重复上述过程。各发光二极管的阳极通过保护电阻接到 +5V 的电源上，阴极接到输入端上，因此使其点亮应使相应输入端为低电平。

### 3.1.3.5 实验步骤

(1) 用串行通信电缆将单片机实验装置与计算机相连。

（2）打开单片机实验装置电源，使其进入待命状态。

（3）按实验接线方法进行硬件连线。

（4）启动计算机，并运行已安装好的编辑调试软件 MCS51。

（5）按要求输入、编辑参考源程序，其扩展名为 .ASM。

（6）编译、调试源程序，确认正确无误后，下载到单片机实验箱中。

（7）运行程序，观察并记录程序运行的结果。

### 3.1.3.6　接线方法

74LS273 的输出 O0 ~ O7 接发光二极管 L1 ~ L8，74LS273 的片选 CS273 接片选信号 CS0，此时 74LS273 的片选地址为 CFA0H ~ CFA7H 之间任选。

### 3.1.3.7　程序流程图

程序流程如图 3-3 所示。

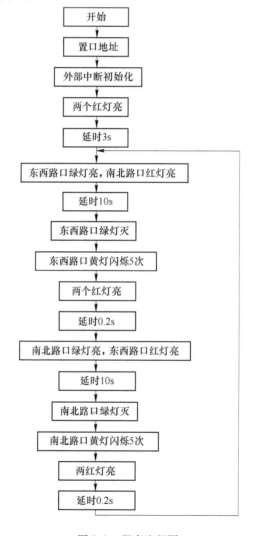

图 3-3　程序流程图

### 3.1.3.8 参考程序 (T3. ASM )

| | | | |
|---|---|---|---|
| PORT | EQU | 0CFA0H | ；片选地址 CS0 |
| | ORG | 0000H | |
| | LJMP | START | |
| | ORG | 4100H | |
| START： | MOV | A，#11H | ；两个红灯亮，黄灯、绿灯灭 |
| | ACALL | DISP | ；调用 273 显示单元（以下雷同） |
| | ACALL | DE3S | ；延时 3s |
| LLL： | MOV | A，#12H | ；东西路口绿灯亮；南北路口红灯亮 |
| | ACALL | DISP | |
| | ACALL | DE10S | ；延时 10s |
| | MOV | A，#10H | ；东西路口绿灯灭，南北路口红灯亮 |
| | ACALL | DISP | |
| | MOV | R2，#05H | ；R2 中的值为黄灯闪烁次数 |
| TTT： | MOV | A，#14H | ；东西路口黄灯亮，南北路口红灯亮 |
| | ACALL | DISP | |
| | ACALL | DE02S | ；延时 0.2s |
| | MOV | A，#10H | ；东西路口黄灯灭，南北路口红灯亮 |
| | ACALL | DISP | |
| | ACALL | DE02S | ；延时 0.2s |
| | DJNZ | R2，TTT | ；返回 TTT，使东西路口，黄灯闪烁五次 |
| | MOV | A，#11H | ；两个红灯亮，黄灯、绿灯灭 |
| | ACALL | DISP | |
| | ACALL | DE02S | ；延时 0.2s |
| | MOV | A，#21H | ；东西路口红灯亮，南北路口绿灯亮 |
| | ACALL | DISP | |
| | ACALL | DE10S | ；延时 10s |
| | MOV | A，#01H | ；东西路口红灯亮，南北路口绿灯灭 |
| | ACALL | DISP | |
| | MOV | R2，#05H | ；黄灯闪烁五次 |
| GGG： | MOV | A，#41H | ；东西路口红灯亮，南北路口黄灯亮 |
| | ACALL | DISP | |
| | ACALL | DE02S | ；延时 0.2s |
| | MOV | A，#01H | ；东西路口红灯亮，南北路口黄灯灭 |
| | ACALL | DISP | |
| | ACALL | DE02S | ；延时 0.2s |
| | DJNZ | R2，GGG | ；返回 GGG，使南北路口，黄灯闪烁五次 |
| | MOV | A，#03H | ；两个红灯亮，黄灯、绿灯灭 |
| | ACALL | DISP | |
| | ACALL | DE02S | ；延时 0.2s |
| | JMP | LLL | ；转 LLL 循环 |

| DE10S： | MOV | R5，#100 | ；延时 10s |
| | JMP | DE1 | |
| DE3S： | MOV | R5，#30 | ；延时 3s |
| | JMP | DE1 | |
| DE02S： | MOV | R5，#02 | ；延时 0.2s |
| DE1： | MOV | R6，#200 | |
| DE2： | MOV | R7，#126 | |
| DE3： | DJNZ | R7，DE3 | |
| | DJNZ | R6，DE2 | |
| | DJNZ | R5，DE1 | |
| | RET | | |
| DISP： | MOV | DPTR，#PORT | ；273 显示单元 |
| | CPL | A | |
| | MOVX | @DPTR，A | |
| | RET | | |
| | END | | |

### 3.1.3.9　课后练习

（1）设计外部中断处理程序。

（2）设计并实验急救车与交通灯控制程序。

## 3.1.4　实验四　简单 I/O 口扩展实验（二）

### 3.1.4.1　实验目的

（1）学习在单片机系统中扩展简单 I/O 口的方法。

（2）学习数据输入，输出程序的编制方法。

### 3.1.4.2　实验内容

利用 74LS244 作为输入口，读取开关状态，并将此状态通过发光二极管显示出来。

### 3.1.4.3　实验设备及元器件

PC 机、EL-8051-Ⅲ型单片机实验箱。

### 3.1.4.4　实验原理

MCS-51 外部扩展空间很大，但数据总线口和控制信号线的负载能力是有限的。若需要扩展的芯片较多，则 MCS-51 总线口的负载过重，74LS244 是一个扩展输入口，同时也是一个单向驱动器，以减轻总线口的负担。程序中加了一段延时程序，以减少总线口读写的频繁程度。延时时间约为 0.01s，不会影响显示的稳定。

### 3.1.4.5　实验步骤

（1）用串行通信电缆将单片机实验装置与计算机相连。

（2）打开单片机实验装置电源，使其进入待命状态。

（3）按实验接线方法进行硬件连线。

（4）启动计算机，并运行已安装好的编辑调试软件 MCS51。

（5）按要求输入、编辑参考源程序，其扩展名为 . ASM。

（6）编译、调试源程序，确认正确无误后，下载到单片机实验箱中。

（7）运行程序，观察并记录程序运行的结果。

### 3.1.4.6 接线方法

（1）74LS244 的 IN0 ~ IN7 接开关的 K1 ~ K8，片选信号 CS244 接 CS1。

（2）74LS273 的 O0 ~ O7 接发光二极管的 L1 ~ L8，片选信号 CS273 接 CS2。

（3）编程、全速执行。

（4）拨动开关 K1 ~ K8，观察发光二极管状态的变化。

### 3.1.4.7 程序流程图

程序流程如图 3-4 所示。

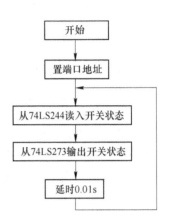

图 3-4 程序流程图

### 3.1.4.8 参考程序（T4. ASM）

```
            ORG       0000H
            LJMP      START
            ORG       4100H
INPORT  EQU       0CFA8H            ; 74LS244 端口地址
OUTPORT EQU       0CFB0H            ; 74LS273 端口地址
START：  MOV       DPTR, #INPORT
LOOP：   MOVX      A, @ DPTR         ; 读开关状态
            MOV       DPTR, #OUTPORT
            MOVX      @ DPTR, A         ; 显示开关状态
            MOV       R7, #10H          ; 延时
DEL0：   MOV       R6, #0FFH
DEL1：   DJNZ      R6, DEL1
            DJNZ      R7, DEL0
            JMP       START
            END
```

## 3.1.5 实验五 中断实验

### 3.1.5.1 实验目的

（1）学习外部中断技术的基本使用方法。

（2）学习中断处理程序的编程方法。

3.1.5.2　实验内容

P1 口作为输出口，接四只发光二极管，通过程序控制发光二极管循环点亮，P3 口的 P3.0，P3.1，P3.4，P4.5 与另外 4 个发光二极管相接，当单片机的 INT0 端出现负脉冲时，进入相应的中断服务程序，在中断服务程序中，使 P3 口所接的 4 个发光二极管快速闪烁大约 20 次，然后返回主程序，使 P1 口所接的 8 只二极管继续循环显示。

3.1.5.3　实验设备及元器件

PC 机、EL-8051-Ⅲ型单片机实验箱。

3.1.5.4　实验原理

实验中断处理程序的应用，最主要的地方是如何保护进入中断前的状态，使得中断程序执行完毕后能回到交通灯中断前的状态。要保护的地方，除了累加器 ACC、标志寄存器 PSW 外，还要注意。一是主程序中的延时程序和中断处理程序中的延时程序不能混用，本实验中，主程序延时用的寄存器和中断延时用的寄存器应不相同。

3.1.5.5　实验步骤

（1）用串行通信电缆将单片机实验装置与计算机相连。
（2）打开单片机实验装置电源，使其进入待命状态。
（3）按实验接线方法进行硬件连线。
（4）启动计算机，并运行已安装好的编辑调试软件 MCS51。
（5）按要求输入、编辑参考源程序，其扩展名为 .ASM。
（6）编译、调试源程序，确认正确无误后，下载到单片机实验箱中。
（7）运行程序，观察并记录程序运行的结果。

3.1.5.6　接线方法

P1.0 ~ P1.3 接发光二极管的 L1 ~ L4，P3.0、P3.1、P3.4、P3.5 接发光二极管的 L5 ~ L8；单脉冲输出端"凵"接 INI0，即接 8031 的第 12 号管脚。

3.1.5.7　程序流程图

程序流程如图 3-5 所示。

3.1.5.8　参考程序（T5. ASM）

```
ST _ ADDR   EQU      4000H
            ORG      ST _ ADDR
            LJMP     START
            ORG      ST _ ADDR +03H      ；中断入口地址
            JMP      INTI
            ORG      ST _ ADDR +200H
```

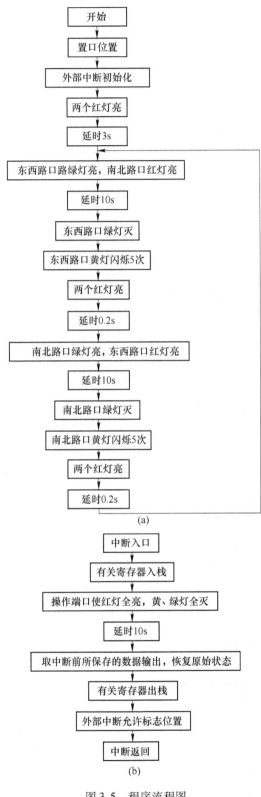

图 3-5　程序流程图
（a）主程序；（b）中断程序

```
START：  SETB    EX0
         SETB    EA
         SETB    IT0
         CLR     P3.0
         CLR     P3.1
         CLR     P3.4
         CLR     P3.5
         MOV     A，#01H
LOOP：   MOV     P1，A
         MOV     R0，#10
DEL1：   MOV     R1，#200
DEL2：   MOV     R2，#126
DEL3：   DJNZ    R2，DEL3
         DJNZ    R1，DEL2
         DJNZ    R0，DEL1
         RL      A
         JMP     LOOP
INTI：   PUSH    ACC          ；中断服务程序
         PUSH    PSW
         MOV     R3，#20       ；闪烁周期约为：100ms，共闪20次
DEL11：  MOV     R4，#100
DEL22：  MOV     R5，#126
DEL33：  DJNZ    R5，DEL33
         DJNZ    R4，DEL22
         CPL     P3.0
         CPL     P3.1
         CPL     P3.4
         CPL     P3.5
         DJNZ    R3，DEL11
         CLR     P3.0
         CLR     P3.1
         CLR     P3.4
         CLR     P3.5
         POP     PSW
         POP     ACC
         SETB    EX0
         RETI
         END
```

### 3.1.5.9　课后练习

通过两个外部中断，实现两个按键分别控制不同的花样彩灯。

### 3.1.6　实验六　定时器实验

#### 3.1.6.1　实验目的

（1）学习8031内部计数器的使用和编程方法。

（2）进一步掌握中断处理程序的编程方法。

#### 3.1.6.2　实验内容

由8031内部定时器1，按方式1工作、即作为十六位定时器使用每0.1sT1溢出中断一次。P1口的P1.0～P1.7分别接8个发光二极管。要求编写程序模拟一时序控制装置。开机后第一秒钟L1、L3亮，第二秒钟L2、L4亮，第三秒钟L5、L7亮，第四秒钟L6、L8亮，第五秒钟L1、L3、L5、L7亮，第六秒钟L2、L4、L6、L8亮，第七秒钟8个二极管全亮，第八秒钟全灭，以后又从头开始，L1、L3亮，然后L2、L4亮；一直循环下去。

#### 3.1.6.3　实验设备及元器件

PC机、EL-8051-Ⅲ型单片机实验箱。

#### 3.1.6.4　实验原理

A　定时常数的确定

定时器/计数器的输入脉冲周期与机器周期一样，为振荡器频率的1/12。本实验中时钟频率为6.0MHz，现要采用中断方法来实现1s延时，要在定时器1中设置一个时间常数，使其每隔0.1s产生一次中断，CPU响应中断后将R0中计数值减一，令（R0）=0AH，即可实现1s延时。

时间常数可按下法确定：

机器周期 = 12/晶振频率 = $12/(6 \times 10^6) = 2\mu s$

需设初值为 $X$，则$(2^{16} - X) \times 2 \times 10^{-6} = 0.1$，可求得 $X = 15535$

化为十六进制：$X = 3CAFH$，故初始值为了 TH1 = 3CH，TL1 = AFH

B　初始化程序

包括定时器初始化和中断系统初始化，主要是对IP、IE、TCON、TMOD的相应位进行正确的设置，并将时间常数送入定时器中、由于只有定时器中断，IP便不必设置。

注意，定时器1初始化时建议用下述指令：

```
ANL        TMOD, #0FH
ORL        TMOD, #10H
```

而不要用指令：

```
MOV        TMOD, #10H
```

否则定时器 0 被屏蔽,可能会影响串行口波特率,使程序不能执行。

C　设计中断服务程序和主程序

中断服务程序要将时间常数重新送入定时器中,为下一次中断做准备。主程序则用来控制发光二极管按要求顺序亮灭。

### 3.1.6.5　实验步骤

(1) 用串行通信电缆将单片机实验装置与计算机相连。
(2) 打开单片机实验装置电源,使其进入待命状态。
(3) 按实验接线方法进行硬件连线。
(4) 启动计算机,并运行已安装好的编辑调试软件 MCS51。
(5) 按要求输入、编辑参考源程序,其扩展名为 .ASM。
(6) 编译、调试源程序,确认正确无误后,下载到单片机实验箱中。
(7) 运行程序,观察并记录程序运行的结果。

### 3.1.6.6　接线方法

P1.0 ~ P1.7 分别接发光二极管 L1 ~ L8 即可。

### 3.1.6.7　程序流程图

程序流程如图 3-6 所示。

### 3.1.6.8　参考程序 (T6. ASM)

```
OUTPORT  EQU    0CFB0H
         ORG    0000H
         LJMP   START
         ORG    401BH           ；定时器/计数器 1 中断程序入口地址
         LJMP   INT
         ORG    4100H
START:   MOV    A, #01H          ；首显示码
         MOV    R1, #03H         ；03 是偏移量,即从基址寄存器到
                                 ；表首的距离
         MOV    R0, #5H          ；05 是计数值
         MOV    TMOD, #10H       ；计数器置为方式 1
         MOV    TL1, #0AFH       ；装入时间常数
         MOV    TH1, #03CH
         ORL    IE, #88H         ；CPU 中断开放标志位和定时器
                                 ；1 溢出中断允许位均置位
         SETB   TR1              ；开始计数
LOOP1:   CJNE   R0, #00, DISP
         MOV    R0, #5H          ；R0 计数计完一个周期,重置初值
```

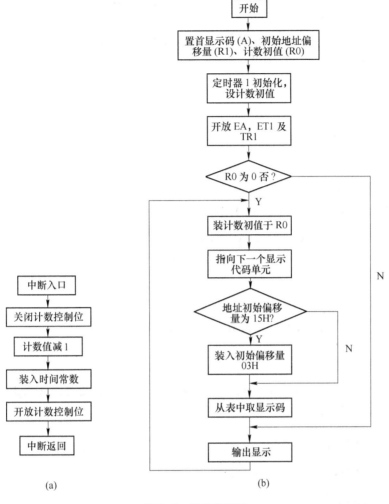

图 3-6　程序流程图

（a）中断程序；（b）主程序

|  | INC | R1 | ；表地址偏移量加 1 |
|---|---|---|---|
|  | CJNE | R1，#27H，LOOP2 | |
|  | MOV | R1，#03H | ；如到表尾，则重置偏移量初值 |
| LOOP2： | MOV | A，R1 | ；从表中取显示码入累加器 |
|  | MOVC | A，@A+PC | |
|  | JMP | DISP | |
|  | DB | 01H，03H，07H，0FH，1FH，3FH，7FH，0FFH，0FEH，0FCH | |
|  | DB | 0F8H，0F0H，0E0H，0C0H，80H，00H，0FFH，00H，0FEH | |
|  | DB | 0FDH，0FBH，0F7H，0EFH，0DFH，0BFH，07FH，0BFH | |
|  | DB | 0DFH，0EFH，0F7H，0FBH，0FDH，0FEH，00H，0FFH，00H | |
| DISP： | MOV | DPTR，#OUTPORT | |
|  | MOVX | @DPTR，A | |
|  | MOV | P1，A | ；将取得的显示码从 P1 口输出显示 |
|  | JMP | LOOP1 | |

| INT： | CLR | TR1 | ；停止计数 |
| --- | --- | --- | --- |
| | DEC | R0 | ；计数值减 1 |
| | MOV | TL1，#0AFH | ；重置时间常数初值 |
| | MOV | TH1，#03CH | |
| | SETB | TR1 | ；开始计数 |
| | RETI | | ；中断返回 |
| | END | | |

3.1.6.9　课后练习

（1）在晶振为 6MHz 时，定时器能设置的最大定时时间是多少？在晶振为 12MHz 时，最大定时时间是多少？请写出模式 1 定时时间的计算方法。

（2）编程中，如何实现 1s 定时的控制？

### 3.1.7　实验七　8255A 可编程并行接口实验（一）

3.1.7.1　实验目的

（1）了解 8255A 芯片的结构及编程方法。

（2）掌握通过 8255A 并行口读取开关数据的方法。

3.1.7.2　实验内容

利用 8255A 可编程并行接口芯片，重复实验四的内容。实验可用 B 通道作为开关量输入口，A 通道作为显示输出口。

3.1.7.3　实验设备及元器件

PC 机、EL-8051-Ⅲ型单片机实验箱。

3.1.7.4　实验原理

设置好 8255A 各端口的工作模式。实验中应当使三个端口都工作于方式 0，并使 A 口为输出口，B 口为输入口。

3.1.7.5　实验步骤

（1）用串行通信电缆将单片机实验装置与计算机相连。

（2）打开单片机实验装置电源，使其进入待命状态。

（3）按实验接线方法进行硬件连线。

（4）启动计算机，并运行已安装好的编辑调试软件 MCS51。

（5）按要求输入、编辑参考源程序，其扩展名为 .ASM。

（6）编译、调试源程序，确认正确无误后，下载到单片机实验箱中。

（7）运行程序，观察并记录程序运行的结果。

3.1.7.6　接线方法

8255A 的 PA0 ~ PA7 接发光二极管 L1 ~ L8；PB0 ~ PB7 接开关 K1 ~ K8；片选信号

8255CS 接 CS0。

### 3.1.7.7 程序流程图

程序流程如图 3-7 所示。

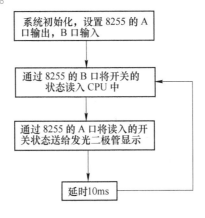

图 3-7 程序流程图

### 3.1.7.8 参考程序 (T7. ASM)

```
            ORG         0000H
            LJMP        START
            ORG         4100H
PA          EQU         0CFA0H
PB          EQU         0CFA1H
PCTL        EQU         0CFA3H
START：      MOV         DPTR, #PCTL        ; 置 8255A 控制字，A、B、C 口均工作
                                           ; 方式 0，A、C 口为输出，B 口为输入
            MOV         A, #082H
            MOVX        @ DPTR, A
LOOP：       MOV         DPTR, #PB          ; 从 B 口读入开关状态值
            MOVX        A, @ DPTR
            MOV         DPTR, #PA          ; 从 A 口将状态值输出显示
            MOVX        @ DPTR, A
            MOV         R7, #10H           ; 延时
DEL0：       MOV         R6, #0FFH
DEL1：       DJNZ        R6, DEL1
            DJNZ        R7, DEL0
            JMP         LOOP
            END
```

### 3.1.7.9 课后练习

(1) 访问 8255 的端口应使用什么指令，使用哪个寄存器作为间址寄存器?

（2）如何对 8255 进行初始化编程？

### 3.1.8 实验八　8255A 可编程并行接口实验（二）

#### 3.1.8.1 实验目的

（1）掌握 8255A 编程原理。
（2）了解键盘电路的工作原理。
（3）掌握键盘接口电路的编程方法。

#### 3.1.8.2 实验内容

利用实验箱上的 8255A 可编程并行接口芯片和矩阵键盘，编写程序，做到在键盘上每按一个数字键（0～F），用发光二极管将该代码显示出来。

#### 3.1.8.3 实验设备及元器件

PC 机、EL-8051-Ⅲ型单片机实验箱。

#### 3.1.8.4 实验原理

（1）识别键的闭合，通常采用行扫描法和行反转法。行扫描法是使键盘上某一行线为低电平，而其余行接高电平，然后读取列值，如所读列值中某位为低电平，表明有键按下，否则扫描下一行，直到扫完所有行。本实验例程采用的是行反转法。行反转法识别键闭合时，要将行线接一并行口，先让它工作于输出方式，将列线也接到一个并行口，先让它工作于输入方式，程序使 CPU 通过输出端口往各行线上全部送低电平，然后读入列线值，如此时有某键被按下，则必定会使某一列线值为 0。然后，程序对两个并行端口进行方式设置，使行线工作于输入方式，列线工作于输出方式，并将刚才读得的列线值从列线所接的并行端口输出，再读取行线上的输入值，那么，在闭合键所在的行线上的值必定为 0。这样，当一个键被按下时，必定可以读得一对唯一的行线值和列线值。

（2）程序设计时，要学会灵活地对 8255A 的各端口进行方式设置。

（3）程序设计时，可将各键对应的键值（行线值、列线值）放在一个表中，将要显示的 0～F 字符放在另一个表中，通过查表来确定按下的是哪一个键并正确显示出来。

#### 3.1.8.5 实验步骤

（1）用串行通信申缆将单片机实验装置与计算机相连。
（2）打开单片机实验装置电源，使其进入待命状态。
（3）按实验接线方法进行硬件连线。
（4）启动计算机，并运行已安装好的编辑调试软件 MCS51。
（5）按要求输入、编辑参考源程序，其扩展名为 .ASM。
（6）编译、调试源程序，确认正确无误后，下载到单片机实验箱中。
（7）运行程序，观察并记录程序运行的结果。

### 3.1.8.6 接线方法

将键盘 RL10 ~ RL17 接 8255A 的 PB0 ~ PB7；KA10 ~ KA12 接 8255A 的 PA0 ~ PA2；PC0 ~ PC7 接发光二极管的 L1 ~ L8；8255A 芯片的片选信号 8255CS 接 CS0。

### 3.1.8.7 程序流程图

程序流程如图 3-8 所示。

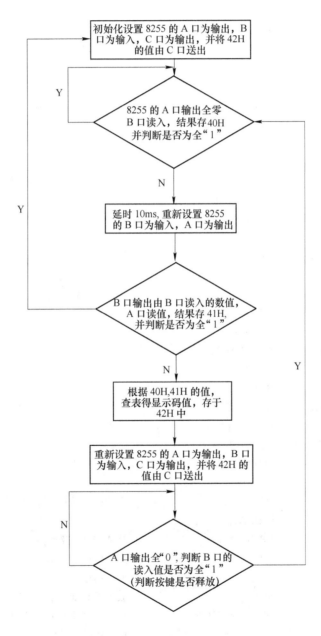

图 3-8　程序流程图

### 3.1.8.8  参考程序（T8. ASM）

| | | | |
|---|---|---|---|
| PA | EQU | 0CFA0H | |
| PB | EQU | PA + 1 | |
| PC0 | EQU | PB + 1 | |
| PCTL | EQU | PC0 + 1 | |
| | ORG | 4000H | |
| | LJMP | START | |
| | ORG | 4100H | |
| START： | MOV | 42H, #0FFH | ; 42H 中放显示的字符码，初值为 0FFH |
| STA1： | MOV | DPTR, #PCTL | ; 设置控制字，ABC 口工作于方式 0 |
| | MOV | A, #82H | ; AC 口输出而 B 用于输入 |
| | MOVX | @ DPTR, A | |
| LINE： | MOV | DPTR, #PC0 | ; 将字符码从 C 口输出显示 |
| | MOV | A, 42H | |
| | CPL | A | |
| | MOVX | @ DPTR, A | |
| | MOV | DPTR, #PA | ; 从 A 口输出全零到键盘的列线 |
| | MOVX | @ DPTR, A | |
| | MOV | DPTR, #PB | ; 从 B 口读入键盘行线值 |
| | MOVX | A, @ DPTR | |
| | MOV | 40H, A | ; 行线值存于 40H 中 |
| | CPL | A | ; 取反后如为全零 |
| | | | ; 表示没有键闭合，继续扫描 |
| | JZ | LINE | |
| | MOV | R7, #10H | ; 有键按下，延时 10ms 去抖动 |
| DL0： | MOV | R6, #0FFH | |
| DL1： | DJNZ | R6, DL1 | |
| | DJNZ | R7, DL0 | |
| | MOVX | A, @ DPTR | |
| | MOV | DPTR, #PCTL | ; 重置控制字，让 A 为输入，BC 为输出 |
| | MOV | A, #90H | |
| | MOVX | @ DPTR, A | |
| | MOV | A, 40H | |
| | MOV | DPTR, #PB | ; 刚才读入的行线值取出从 B 口送出 |
| | MOVX | @ DPTR, A | |
| | MOV | DPTR, #PA | ; 从 A 口读入列线值 |
| | MOV | 41H, A | ; 列线值存于 41H 中 |
| | CPL | A | ; 取反后如为全零 |
| | JZ | STA1 | ; 表示没有键按下 |
| | MOV | DPTR, #TABLE | ; TABLE 表首地址送 DPTR |
| | MOV | R7, #18H | ; R7 中置计数值 16 |
| | MOV | R6, #00H | ; R6 中放偏移量初值 |

| TT: | MOVX | A, @ DPTR | ; 从表中取键码前半段字节, 行线值与实 |
| | CJNE | A, 40H, NN1 | ; 际输入的行线值相等吗? 不等转 NN1 |
| | INC | DPTR | ; 相等, 指针指向后半字节, 即列线值 |
| | MOVX | A, @ DPTR | ; 列线值与实际输入的列线值相等吗? |
| | CJNE | A, 41H, NN2 | ; 不等转 NN2 |
| | MOV | DPTR, #CHAR | ; 相等, CHAR 表基址和 R6 中的偏移量 |
| | MOV | A, R6 | ; 取出相应的字符码 |
| | MOVC | A, @ A + DPTR | |
| | MOV | 42H, A | ; 字符码存于 42H |
| BBB: | MOV | DPTR, #PCTL | ; 重置控制字, 让 AC 为输出, B 为输入 |
| | MOV | A, #82H | |
| | MOVX | @ DPTR, A | |
| AAA: | MOV | A, 42H | ; 将字符码从 C 口送到二极管显示 |
| | MOV | DPTR, #PC0 | |
| | CPL | A | |
| | MOVX | @ DPTR, A | |
| | MOV | DPTR, #PA | ; 判断按下的键是否释放 |
| | CLR | A | |
| | MOVX | @ DPTR, A | |
| | MOV | DPTR, #PB | |
| | MOVX | A, @ DPTR | |
| | CPL | A | |
| | JNZ | AAA | ; 没释放转 AAA |
| | MOV | R5, #2 | ; 已释放则延时 0.2s, 减少总线负担 |
| DEL1: | MOV | R4, #200 | |
| DEL2: | MOV | R3, #126 | |
| DEL3: | DJNZ | R3, DEL3 | |
| | DJNZ | R4, DEL2 | |
| | DJNZ | R5, DEL1 | |
| | JMP | START | ; 转 START |
| NN1: | INC | DPTR | ; 指针指向后半字节即列线值 |
| NN2: | INC | DPTR | ; 指针指向下一键码前半字节即行线值 |
| | INC | R6 | ; CHAR 表偏移量加 1 |
| | DJNZ | R7, TT | ; 计数值减 1, 不为零则转 TT 继续查找 |
| | JMP | BBB | |
| TABLE: | DW | 0FE06H, 0FD06H | |
| | DW | 0FB06H, 0F706H | ; TABLE 为键值表, 每个键位占两个字节 |
| | DW | 0BF06H, 07F06H | |
| | DW | 0FE05H, 0FD05H | ; 第一个字节为行线值 |
| | DW | 0EF05H, 0DF05H | |
| | DW | 0BF05H, 07F05H | ; 第二个为列线值 |
| | DW | 0FB03H, 0F703H | |
| | DW | 0EF03H, 0DF03H | |

```
CHAR:    DB        00H, 01H, 02H, 03H, 04H
         DB        05H, 06H, 07H, 08H, 09H      ; 字符码表
         DB        0AH, 0BH, 0CH, 0DH, 0EH
         DB        0FH, 10H, 11H, 12H, 13H
         DB        14H, 15H, 16H, 17H
         END
```

#### 3.1.8.9 课后练习

（1）8255 芯片在使用时，其硬件电路是否需要复位？

（2）在实验中，若键盘电路采用 8×4 阵列，硬件电路如何接线？

### 3.1.9 实验九 数码显示实验

#### 3.1.9.1 实验目的

（1）进一步掌握定时器的使用和编程方法。

（2）了解七段数码显示数字的原理。

（3）掌握用一个段锁存器，一个位锁存器同时显示多位数字的技术。

#### 3.1.9.2 实验内容

利用定时器 1 定时中断，控制电子钟走时，利用实验箱上的六个数码管显示分、秒，做成一个电子钟。显示格式为：分、秒。定时时间常数计算方法为定时器 1 工作于方式 1，晶振频率为 6MHz，故预置值 $Tx$ 为：

$$(2^{16} - Tx) \times 12 \times 1/(6 \times 10^6) = 0.1\text{s}$$

$$Tx = 15535\text{D} = 3\text{CAFH}$$

故                    $$\text{TH1} = 3\text{CH}, \quad \text{TL1} = \text{AFH}$$

#### 3.1.9.3 实验设备及元器件

PC 机、EL-8051-Ⅲ型单片机实验箱。

#### 3.1.9.4 实验原理

本实验采用动态显示。动态显示就是一位一位地轮流点亮显示器的各个位（扫描）。将 8031CPU 的 P1 口当作一个锁存器使用，74LS273 作为段锁存器。

#### 3.1.9.5 实验步骤

（1）用串行通信电缆将单片机实验装置与计算机相连。

（2）打开单片机实验装置电源，使其进入待命状态。

（3）按实验接线方法进行硬件连线。

（4）启动计算机，并运行已安装好的编辑调试软件 MCS51。

（5）按要求输入、编辑参考源程序，其扩展名为 .ASM。

（6）编译、调试源程序，确认正确无误后，下载到单片机实验箱中。

（7）运行程序，观察并记录程序运行的结果。

### 3.1.9.6 接线方法

将 P1 口的 P1.0～P1.5 与数码管的输入 LED6～LED1 相连，74LS273 的 O0～O7 与 LEDA～LEDDp 相连，片选信号 CS273 与 CS0 相连。去掉短路子连接。

### 3.1.9.7 程序流程图

程序流程如图 3-9 所示。

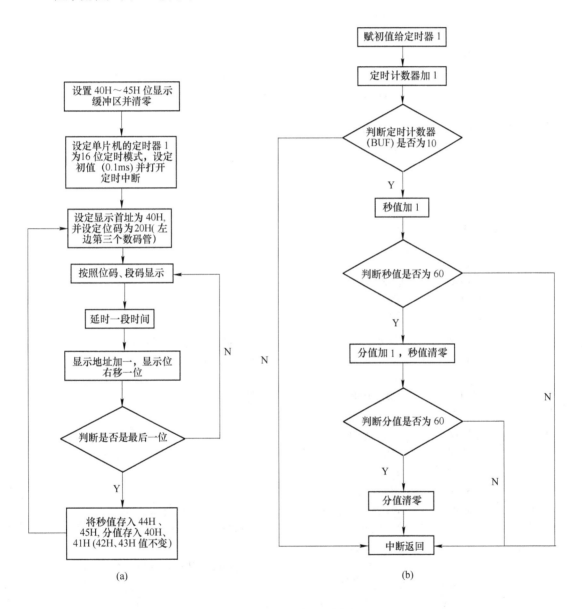

(a)    (b)

图 3-9  程序流程图

（a）主程序框图；（b）中断子程序框图

### 3.1.9.8　参考程序（T9. ASM）

```
              EQU        0CFA0H
BUF           EQU        23H                 ; 存放计数值
SBF           EQU        22H                 ; 存放秒值
MBF           EQU        21H                 ; 存放分值
              ORG        0000H
              LJMP       START
              ORG        401BH
              LJMP       CLOCK
              ORG        4100H
START:        MOV        R0, #40H            ; 40H ~ 45H 是显示缓冲区, 依次存放
              MOV        A, #00H             ; 分高位、分低位, 0A, 0A（横线）
              MOV        @R0, A              ; 以及秒高位、秒低位
              INC        R0
              MOV        @R0, A
              INC        R0
              MOV        A, #0AH
              MOV        @R0, A
              INC        R0
              MOV        @R0, A
              INC        R0
              MOV        A, #00H
              MOV        @R0, A
              INC        R0
              MOV        @R0, A
              MOV        TMOD, #10H          ; 定时器 1 初始化为方式 1
              MOV        TH1, #38H           ; 置时间常数, 延时 0.1s
              MOV        TL1, #00H
              MOV        BUF, #00H           ; 置 0
              MOV        SBF, #00H
              MOV        MBF, #00H
              SETB       ET1
              SETB       EA
              SETB       TR1
DS1:          MOV        R0, #40H            ; 置显示缓冲区首址
              MOV        R2, #20H            ; 置扫描初值, 点亮最左边的 LED6
DS2:          MOV        DPTR, #PORT
              MOV        A, @R0              ; 得到的段显码输出到段数据口
              ACALL      TABLE
              MOVX       @DPTR, A
              MOV        A, R2               ; 向位数据口 P1 输出位显码
              CPL        A
```

|  | MOV | P1，A |  |
|---|---|---|---|
|  | MOV | R3，#0FFH | ;延时一小段时间 |
| DEL： | NOP |  |  |
|  | DJNZ | R3，DEL |  |
|  | INC | R0 | ;显示缓冲字节加 1 |
|  | CLR | C |  |
|  | MOV | A，R2 |  |
|  | RRC | A | ;显码右移一位 |
|  | MOV | R2，A | ;最末一位是否显示完毕？如无 |
|  | JNZ | DS2 | ;继续往下显示 |
|  | MOV | R0，#45H |  |
|  | MOV | A，SBF | ;把秒值分别放于 44H、45H 中 |
|  | ACALL | GET |  |
|  | DEC | R0 | ;跳过负责显示"—"的两个字节 |
|  | DEC | R0 |  |
|  | MOV | A，MBF | ;把分值分别放入 40H、41H 中 |
|  | ACALL | GET |  |
|  | SJMP | DS1 | ;转 DS1 从头显示起 |
| TABLE： | INC | A | ;取与数字对应的段码 |
|  | MOVC | A，@A+PC |  |
|  | RET |  |  |
|  | DB | 3FH，06H，5BH，4FH，66H， |  |
|  | DB | 6DH，7DH，07H，7FH，6FH，40H |  |
| GET： | MOV | R1，A | ;把从分或秒字节中取来的值的高 |
|  | ANL | A，#0FH | ;位屏蔽掉，并送入缓冲区 |
|  | MOV | @R0，A |  |
|  | DEC | R0 |  |
|  | MOV | A，R1 | ;把从分或秒字节中取来的值的低 |
|  | SWAP | A | ;位屏蔽掉，并送入缓冲区 |
|  | ANL | A，#0FH |  |
|  | MOV | @R0，A |  |
|  | DEC | R0 | ;R0 指针下移一位 |
|  | RET |  |  |
| CLOCK： | MOV | TL1，#0AFH | ;置时间常数 |
|  | MOV | TH1，#3CH |  |
|  | PUSH | PSW |  |
|  | PUSH | ACC |  |
|  | INC | BUF | ;计数加 1 |
|  | MOV | A，BUF | ;计到 10 否？没有则转到 QUIT 退出中断 |
|  | CJNE | A，#0AH，QUIT |  |
|  | MOV | BUF，#00H | ;置初值 |
|  | MOV | A，SBF |  |
|  | INC | A | ;秒值加 1，经十进制调整后放入 |

| DAA | | ；秒字节 |
|---|---|---|
| MOV | SBF, A | |
| CJNE | A, #60H, QUIT | ；计到 60 否？没有则转到 QUIT 退出中断 |
| MOV | SBF, #00H | ；是，秒字节清零 |
| MOV | A, MBF | |
| INC | A | ；分值加 1，经十进制调整后放入 |
| DAA | | ；分字节 |
| MOV | MBF, A | |
| CJNE | A, #60H, QUIT | ；分值为 60 否？不是则退出中断 |
| MOV | MBF, #00H | ；是，清零 |
| QUIT: | POPACC | |
| POP | PSW | |
| RETI | | ；中断返回 |
| END | | |

### 3.1.10　实验十　8279 显示接口实验（一）

#### 3.1.10.1　实验目的

（1）掌握在 8031 系统中扩展 8279 键盘显示接口的方法。
（2）掌握 8279 的工作原理和编程方法。
（3）进一步掌握中断处理程序的编程方法。

#### 3.1.10.2　实验内容

利用 8279 键盘显示接口电路和实验箱上提供的 2 个数码显示，做成一个电子钟。

#### 3.1.10.3　实验设备及元器件

PC 机、EL-8051-Ⅲ型单片机实验箱。

#### 3.1.10.4　实验原理

利用 8279 可实现对键盘/显示器的自动扫描，以减轻 CPU 的负担，且具有显示稳定、程序简单、不会出现误动作等特点。本实验利用 8279 实现显示扫描自动化。8279 操作命令字较多，根据需要来灵活使用，通过本实验可初步熟悉其使用方法。电子钟做成如下格式：XX，由左向右分别为十位、个位（秒）。

#### 3.1.10.5　实验步骤

（1）用串行通信电缆将单片机实验装置与计算机相连。
（2）打开单片机实验装置电源，使其进入待命状态。
（3）按实验接线方法进行硬件连线。
（4）启动计算机，并运行已安装好的编辑调试软件 MCS51。
（5）按要求输入、编辑参考源程序，其扩展名为 .ASM。

（6）编译、调试源程序，确认正确无误后，下载到单片机实验箱中。

（7）运行程序，观察并记录程序运行的结果。

### 3.1.10.6 接线方法

本实验不必接线。

### 3.1.10.7 程序流程图

程序流程如图 3-10 所示。

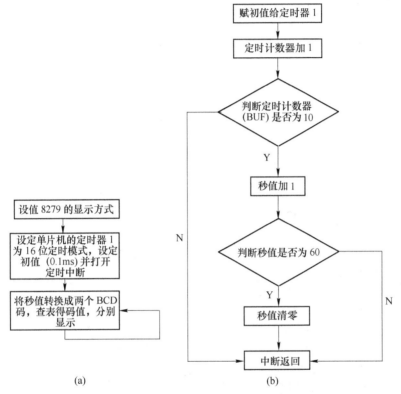

图 3-10  程序流程图

（a）主程序；（b）中断子程序

### 3.1.10.8 参考程序（T10. ASM）

```
PORT      EQU      0CFE8H
BUF       EQU      24H
SEC       EQU      21H
          ORG      0000H
          LJMP     START
          ORG      400BH
          LJMP     CLOCK
          ORG      4100H
START:    MOV      DPTR, #PORT + 1        ; 8279 显示 RAM 全部清零
```

| | | | |
|---|---|---|---|
| | MOV | A，#0D1H | |
| | MOVX | @ DPTR，A | |
| | MOV | TMOD，#01H | ；定时器 0 设置为方式 1 |
| | MOV | TL0，#0AFH | |
| | | | ；置时间常数，每 0.1s 中断一次 |
| | MOV | TH0，#3CH | |
| | MOV | SEC，#00H | |
| | MOV | BUF，#00H | |
| | SETB | ET0 | |
| | SETB | EA | |
| | SETB | TR0 | |
| LOOP： | MOV | DPTR，#PORT + | ；写显示缓冲 RAM 命令 |
| | MOV | A，#80H | |
| | MOVX | @ DPTR，A | |
| | MOV | R1，#21H | ；秒字节地址入 R1 |
| | MOV | DPTR，#PORT | ；8279 数据端口地址 |
| DL0： | MOV | A，@ R1 | ；取相应的时间值 |
| | MOV | R2，A | ；存入 R2 中 |
| | SWAP | A | |
| | ANL | A，#0FH | ；获取高半字节 |
| | ACALL | TABLE | |
| | MOVX | @ DPTR，A | ；送入缓冲区 |
| | MOV | DPTR，#PORT + 1 | ；写显示缓冲 RAM 命令 |
| | MOV | A，#81H | |
| | MOVX | @ DPTR，A | |
| | MOV | DPTR，#PORT | |
| | MO | A，R2 | |
| | ANL | A，#0FH | ；获取低半字节 |
| | ACALL | TABLE | |
| | MOVX | @ DPTR，A | |
| | LJMP | LOOP | ；否则从头开始显示 |
| TABLE： | INC | A | ；取相应段显码 |
| | MOVC | A，@ A + PC | |
| | RET | | |
| | DB | 3FH，06H，5BH，4FH，66H | |
| | DB | 6DH，7DH，07H，7FH，6FH | |
| CLOCK： | MOV | TL0，#0AFH | ；重置时间常数 |
| | MOV | TH0，#3CH | |
| | PUSH | ACC | |
| | PUSH | PSW | |
| | INC | BUF | ；计数值加 1 |
| | MOV | A，BUF | |
| | CJNE | A，#0AH，ENDT | ；到 1 秒了吗? 没有则退到 ENDT |

|  | MOV | BUF，#00H | ；到1秒了，计数值置零 |
|---|---|---|---|
|  | MOV | A，SEC |  |
|  | INC | A | ；秒值加1，经十进制调整 |
|  | DA | A |  |
|  | MOV | SEC，A | ；送回秒字节 |
|  | CJNE | A，#60H，ENDT | ；秒值为60否？ |
|  | MOV | SEC，#00H | ；是，清零 |
| ENDT： | POP | PSW |  |
|  | POP | ACC |  |
|  | RETI |  | ；中断返回 |
|  | END |  |  |

### 3.1.10.9 课后练习

（1）叙述在8031系统中扩展8279键盘显示接口的方法。

（2）叙述8279工作原理和编程方法。

（3）叙述中断处理程序的编程方法。

## 3.1.11 实验十一 8279键盘显示接口实验（二）

### 3.1.11.1 实验目的

（1）进一步了解8279键盘、显示电路的编程方法。

（2）进一步了解键盘电路工作原理及编程方法。

### 3.1.11.2 实验内容

利用实验箱上提供的8279、键盘电路、数码显示电路，组成一个键盘分析电路，编写程序，要求在键盘上按动一个键，就将8279对此键扫描的扫描码显示在数码管上。

### 3.1.11.3 实验设备及元器件

PC机、EL-8051-Ⅲ型单片机实验箱。

### 3.1.11.4 实验原理

本实验用到了8279的键盘输入部分。键盘部分提供的扫描方式最多可和64个按键或传感器阵列相连，能自动消除开关抖动以及对多键同时按下采取保护。由于键盘扫描由8279自动实现，简化了键盘处理程序的设计，因而编程的主要任务是实现对扫描值进行适当处理，以两位十六进制数将扫描码显示在数码管上。可省略对8279进行初始化，因为监控程序对8279已经进行了初始化，详见键盘操作说明。

### 3.1.11.5 实验步骤

（1）用串行通信电缆将单片机实验装置与计算机相连。

（2）打开单片机实验装置电源，使其进入待命状态。

（3）按实验接线方法进行硬件连线。

（4）启动计算机，并运行已安装好的编辑调试软件 MCS51。

（5）按要求输入、编辑参考源程序，其扩展名为 . ASM。

（6）编译、调试源程序，确认正确无误后，下载到单片机实验箱中。

（7）运行程序，观察并记录程序运行的结果。

### 3.1.11.6　接线方法

将键盘的 KA10 ~ KA12 接 8279 的 KA0 ~ KA2；RL10 ~ RL17 接 8255A 的 RL0 ~ RL7。

### 3.1.11.7　参考程序（T11. ASM）

```
            ORG       0000H
            LJMP      START
            ORG       4100H
START:      MOV       DPTR, #00CFE9H      ; 8279 命令字
            MOV       A, #0D1H            ; 清显示
            MOVX      @ DPTR, A
LOOP1:      MOVX      A, @ DPTR
            ANL       A, #0FH
            JZ        LOOP1               ; 有键按下？没有则循环等待
            MOV       A, #0A0H            ; 显示 \ 消隐命令
            MOVX      @ DPTR, A
            MOV       A, #40H             ; 读 FIFO 命令
            MOVX      @ DPTR, A
            MOV       DPTR, #0CFE8H       ; 读键值
            MOVX      A, @ DPTR
            MOV       R1, A               ; 保存键值
            MOV       DPTR, #0CFE9H       ; 写显示 RAM 命令
            MOV       A, #81H             ; 选中 LED2
            MOVX      @ DPTR, A
            MOV       A, R1
            ANL       A, #0FH             ; 取后半字节
            MOV       DPTR, #TAB
            MOVC      A, @ A + DPTR       ; 取段显码
            MOV       DPTR, #0CFE8H       ; 写显示 RAM
            MOVX      @ DPTR, A
            MOV       DPTR, #0CFE9H       ; 写显示 RAM 命令
            MOV       A, #80H             ; 选中 LED1
            MOVX      @ DPTR, A
            MOV       A, R1
            ANL       A, #0F0H
            SWAP      A                   ; 取后半字节
            MOV       DPTR, #TAB
```

|      | MOVC | A, @ A + DPTR          | ; 取段显码       |
|------|------|------------------------|------------------|
|      | MOV  | DPTR, #0CFE8H          | ; 写显示 RAM     |
|      | MOVX | @ DPTR, A              |                  |
|      | MOV  | DPTR, #0CFE9H          |                  |
|      | SJMP | LOOP1                  |                  |
| TAB: | DB   | 3FH, 06H, 5BH, 4FH, 66H | ; 段显码表      |
|      | DB   | 6DH, 7DH, 07H, 7fH, 6fH |                 |
|      | DB   | 77H, 7cH, 39H, 5eH, 79H, 71H |            |
|      | END  |                        |                  |

## 3.1.12　实验十二　串行口实验（一）

### 3.1.12.1　实验目的

（1）掌握 8031 串行口方式 1 的工作方式及编程方法。
（2）掌握串行通讯中波特率的设置。
（3）在给定通讯波特率的情况下，会计算定时时间常数。

### 3.1.12.2　实验内容

利用 8031 串行口发送和接收数据，并将接收的数据通过扩展 I/O 口 74LS273 输出到发光二极管显示，结合延时来模拟一个循环彩灯。

### 3.1.12.3　实验设备及元器件

PC 机、EL-8051-Ⅲ型单片机实验箱。

### 3.1.12.4　实验原理

MCS-51 单片机串行通讯的波特率随串行口工作方式选择的不同而不同，它除了与系统的振荡频率 $f$，电源控制寄存器 PCON 的 SMOD 位有关外，还与定时器 T1 的设置有关。

（1）在工作方式 0 时，波特率固定不变，仅与系统振荡频率有关，其大小为 $f/12$。

（2）在工作方式 2 时，波特率也只固定为两种情况：

当 SMOD = 1 时，波特率 = $f/32$；当 SMOD = 0 时，波特率 = $f/64$

（3）在工作方式 1 和 3 时，波特率是可变的：

当 SMOD = 1 时，波特率 = 定时器 T1 的溢出率/16；当 SMOD = 0 时，波特率 = 定时器 T1 的溢出率/32。

其中，定时器 T1 的溢出率 = $f/[12 \times (256 - N)]$，$N$ 为 T1 的定时时间常数。

在实际应用中，往往是给定通讯波特率，而后去确定时间常数。例如：$f = 6.144\,\text{MHz}$，波特率等于 1200，SMOD = 0 时，则 $1200 = 6144000/[12 \times 32 \times (256 - N)]$，计算得 $N = F2H$。

例程中设置串行口工作于方式 1，SMOD = 0，波特率为 1200。

循环彩灯的变化方式与实验六相同。也可自行设计变化方式。

### 3.1.12.5 实验步骤

（1）用串行通信电缆将单片机实验装置与计算机相连。

（2）打开单片机实验装置电源，使其进入待命状态。

（3）按实验接线方法进行硬件连线。

（4）启动计算机，并运行已安装好的编辑调试软件 MCS51。

（5）按要求输入、编辑参考源程序，其扩展名为 .ASM。

（6）编译、调试源程序，确认正确无误后，下载到单片机实验箱中。

（7）运行程序，观察并记录程序运行的结果。

### 3.1.12.6 接线方法

8031 的 TXD 接 RXD；74LS273 的 CS273 接 CS0；O0 ~ O7 接发光二极管的 L1 ~ L8。

### 3.1.12.7 参考程序（T12.ASM）

```
            ORG     0000H
            LJMP    START
            ORG     4100H
PORT    EQU     0CFA0H
START:  MOV     TMOD, #20H      ; 选择定时器模式 2，计时方式
            MOV     TL1, #0F2H      ; 预置时间常数，波特率为 1200
            MOV     TH1, #0F2H
            MOV     87H, #00H       ; PCON = 00，使 SMOD = 0
            SETB    TR1             ; 启动定时器 1
            MOV     SCON, #50H      ; 串行口工作于方式 1，允许串行接收
            MOV     R1, #12H        ; R1 中存放显示计数值
            MOV     DPTR, #TABLE
            MOV     A, DPL
            MOV     DPTR, #L1
            CLR     C
            SUBB    A, DPL          ; 计算偏移量
            MOV     R5, A           ; 存放偏移量
            MOV     R0, A
SEND:   MOV     A, R0
            MOVC    A, @A + PC      ; 取显示码
L1:     MOV     SBUF, A         ; 通过串行口发送显示码
WAIT:   JBC     RI, L2          ; 接收中断标志为 0 时循环等待
            SJMP    WAIT
L2:     CLR     RI              ; 接收中断标志清零
            CLR     TI              ; 发送中断标志清零
            MOV     A, SBUF         ; 接收数据送 A
            MOV     DPTR, #PORT
```

```
        MOVX       @ DPTR, A              ；显码输出
        ACALL      DELAY                  ；延时 0.5s
        INC        R0                     ；偏移量下移
        DJNZ       R1, SEND               ；为零，置计数初值和偏移量初值
        MOV        R1, #12H
        MOV        A, R5
        MOV        R0, A
        JMP        SEND
TABLE:  DB         01H, 03H, 07H, 0FH, 1FH, 3FH, 7FH, 0FFH, 0FEH
        DB         0FCH, 0F8H, 0F0H, 0E0H, 0C0H, 80H, 00H, 0FFH, 00H
DELAY:  MOV        R4, #05H               ；延时 0.5s
DEL1:   MOV        R3, #200
DEL2:   MOV        R2, #126
DEL3:   DJNZ       R2, DEL3
        DJNZ       R3, DEL2
        DJNZ       R4, DEL1
        RET
        END
```

### 3.1.13 实验十三 串行口实验（二）

#### 3.1.13.1 实验目的

（1）掌握串行口工作方式的程序设计，掌握单片机通讯程序的编制。
（2）了解实现串行通讯的硬件环境，数据格式、数据交换的协议。

#### 3.1.13.2 实验内容

利用 8031 串行口，实现双机通讯。编写程序让甲机负责发送，乙机负责接收，从甲机的键盘上键入数字键 0 ~ F，在两个实验箱上的数码管上显示出来。如果键入的不是数字按键，则显示"Error"错误提示。

#### 3.1.13.3 实验设备及元器件

PC 机、EL-8051-Ⅲ型单片机实验箱。

#### 3.1.13.4 实验原理

本实验通讯模块由两个独立的模块组成：甲机发送模块和乙机接收模块。MCS-51 单片机内串行口的 SBUF 有两个：接收 SBUF 和发送 SBUF，二者在物理结构上是独立的，单片机用它们来接收和发送数据。专用寄存器 SCON 和 PCON 控制串行口的工作方式和波特率。定时器 1 作为波特率发生器。编程时注意两点：一是初始化，设置波特率和数据格式，二是确定数据传送方式。数据传送方式有两种：查询方式和中断方式。例程采用的是查询方式。为确保通讯成功，甲机和乙机必须有一个一致的通讯协议，例程的通讯协议如下：通讯双方均采用 2400 波特的速率传送，甲机发送数据，乙机接收数据。双机开始通讯时，

甲机发送一个呼叫信号"06"，询问乙机是否可以接收数据；乙机收到呼叫信号后，若同意接收数据则发回"00"作为应答，否则发"15"表示暂不能接收数据；甲机只有收到乙机的应答信号"00"后才可把要发送的数据发送给乙机，否则继续向乙机呼叫，直到乙机同意接收。其发送数据格式为：

| 字节数 $n$ | 数据 1 | 数据 2 | ⋯ | 数据 $n$ | 累加校验和 |
|---|---|---|---|---|---|

字节数 $n$：甲机将向乙机发送的数据个数。

数据 1 ~ 数据 $n$：甲机将向乙机发送的 $n$ 个数据。

累加校验和：字节数 $n$、数据 1、…、数据 $n$，这 $n+1$ 个字节内容的算术累加和。

乙机根据接收到的"校验和"判断已接收到的数据是否正确。若接收正确，向甲机回发"0F"信号，否则回发"F0"信号给甲机。甲机只有接到信号"0F"才算完成发送任务，否则继续呼叫，重发数据。

### 3.1.13.5　实验步骤

（1）用串行通信电缆将单片机实验装置与计算机相连。

（2）打开单片机实验装置电源，使其进入待命状态。

（3）按实验接线方法进行硬件连线。

（4）启动计算机，并运行已安装好的编辑调试软件 MCS51。

（5）按要求输入、编辑参考源程序，其扩展名为 .ASM。

（6）编译、调试源程序，确认正确无误后，下载到单片机实验箱中。

（7）运行程序，观察并记录程序运行的结果。

### 3.1.13.6　接线方法

（1）甲机 8031CPU 板上的 TXD 接乙机的 RXD；

（2）甲机的 RXD 接乙机的 TXD；

（3）甲机的 GND 接乙机的 GND；

（4）8279 与键盘、显示数码管的连线方法请参见实验十一。

### 3.1.13.7　程序流程图

程序流程如图 3-11 所示。

### 3.1.13.8　参考程序（T13. ASM）

发送程序：

```
            ORG     0000H
            LJMP    START
            ORG     4100H
PORT    EQU     0CFE8H
START:  MOV     DPTR, #PORT + 1      ; 8279 命令字
            MOV     A, #0D1H             ; 清除
            MOVX    @ DPTR, A
WAIT:   MOVX    A, @ DPTR
```

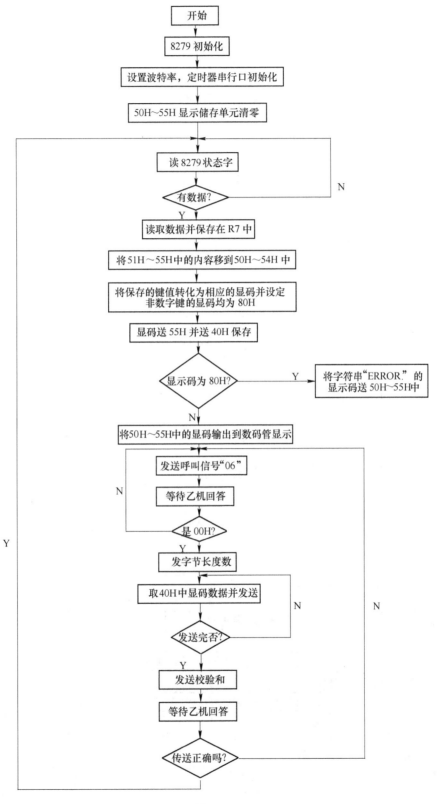

(a)

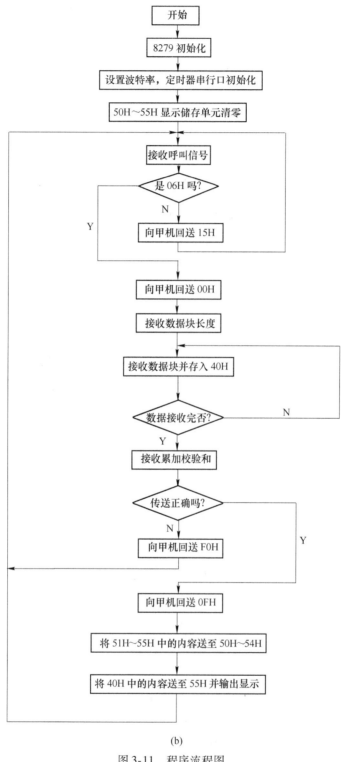

(b)

图 3-11 程序流程图

（a）发送程序；（b）接收程序

|         | JB    | ACC. 7，WAIT      | ；等待清除完毕 |
|---------|-------|------------------|---------------|
|         | MOV   | TMOD，#20H        |               |
|         | MOV   | TH1，#0F2H        |               |
|         | MOV   | TL1，#0F2H        |               |
|         | SETB  | TR1              |               |
|         | MOV   | SCON，#50H        |               |
|         | MOV   | 87H，#80H         |               |
|         | MOV   | 50H，#00H         |               |
|         | MOV   | 51H，#00H         |               |
|         | MOV   | 52H，#00H         |               |
|         | MOV   | 53H，#00H         |               |
|         | MOV   | 54H，#00H         |               |
|         | MOV   | 55H，#00H         |               |
| LOOP1： | MOVX  | A，@ DPTR         |               |
|         | ANL   | A，#0FH           |               |
|         | JZ    | LOOP1            | ；有键按下？ |
|         | MOV   | A，#0A0H          | ；显示消隐命令 |
|         | MOVX  | @ DPTR，A         |               |
|         | MOV   | DPTR，#PORT       | ；读键值 |
|         | MOVX  | A，@ DPTR         |               |
|         | ANL   | A，#3FH           |               |
|         | MOV   | R7，A             | ；状态保存 |
|         | MOV   | 50H，51H          |               |
|         | MOV   | 51H，52H          |               |
|         | MOV   | 52H，53H          |               |
|         | MOV   | 53H，54H          |               |
|         | MOV   | 54H，55H          |               |
| LOP：   | MOV   | A，R7             |               |
|         | MOV   | DPTR，#TAB1       |               |
|         | MOVC  | A，@ A + DPTR     | ；查取数字键的字形码 |
|         | MOV   | 55H，A            |               |
|         | MOV   | 40H，A            |               |
|         | SUBB  | A，#80H           |               |
|         | JZ    | ERROR            | ；非数字键则跳转 |
|         | ACALL | DISP             |               |
|         | SJMP  | TXACK            |               |
| DISP：  | MOV   | DPTR，#PORT + 1   |               |
|         | MOV   | A，#90H           |               |
|         | MOVX  | @ DPTR，A         |               |
|         | MOV   | R6，#06H          |               |
|         | MOV   | R1，#50H          |               |
|         | MOV   | DPTR，#PORT       |               |
| DL0：   | MOV   | A，@ R1           |               |

　　　　　　　　　　　　　　　　3　实　验　指　导

```
              MOVX      @ DPTR, A
              INC       R1
              DJNZ      R6, DL0
              RET
TXACK:        MOV       A, #06H          ; 发呼叫信号"06"
              MOV       SBUF, A
WAIT1:        JBC       TI, RXYES        ; 等待发送完一个字节
              SJMP      WAIT1
RXYES:        JBC       RI, NEXT1        ; 等待乙机回答
              SJMP      RXYES
NEXT1:        MOV       A, SBUF          ; 判断乙机是否同意接收, 不同意继续呼叫
              CJNE      A, #00H, TXACK
              MOV       A, 40H
              MOV       SBUF, A
WAIT2:        JBC       TI, TXNEWS
              SJMP      WAIT2
TXNEWS:       JBC       RI, IF0DDH
              SJMP      TXNEWS
IF0DDH:       MOV       A, SBUF
              CJNE      A, #0FH, TXACK   ; 判断乙机是否接收正确, 不正确继续呼叫
              MOV       DPTR, #0CFE9H
              LJMP      LOOP1
ERROR:        MOV       50H, #79H
              MOV       51H, #31H
              MOV       52H, #31H
              MOV       53H, #5CH
              MOV       54H, #31H
              MOV       55H, #80H
              LCALL     DISP
DD:           MOV       DPTR, #PORT + 1
              MOVX      A, @ DPTR
              ANL       A, #0FH
              JZ        DD               ; 有键按下?
              MOV       A, #0A0H         ; 显示消隐命令
              MOVX      @ DPTR, A
              MOV       DPTR, #0CFF8H    ; 读键值
              MOVX      A, @ DPTR
              ANL       A, #3FH
              MOV       R7, A            ; 状态保存
              MOV       50H, #00H
              MOV       51H, #00H
              MOV       52H, #00H
              MOV       53H, #00H
```

|     |      |                                |                    |
|-----|------|--------------------------------|--------------------|
|     | MOV  | 54H，#00H                       |                    |
|     | LJMP | LOP                            |                    |
| TAB1： | DB   | 3FH，06H，5BH，4FH，80H，80H        | ；键值字形码表     |
|     | DB   | 66H，6DH，7DH，07H，80H，80H        |                    |
|     | DB   | 7FH，6FH，77H，7CH，80H，80H        |                    |
|     | DB   | 39H，5EH，79H，71H，80H，80H        |                    |
|     | DB   | 80H，80H，80H，80H                |                    |
|     | END  |                                |                    |

接收程序：

|        |       |                    |                    |
|--------|-------|--------------------|--------------------|
|        | ORG   | 0000H              |                    |
|        | LJMP  | START              |                    |
|        | ORG   | 4100H              |                    |
| PORT   | EQU   | 0CFE8H             |                    |
| START： | MOV   | DPTR，#PORT + 1     | ；8279 命令字       |
|        | MOV   | A，#0D1H            | ；清除             |
|        | MOVX  | @ DPTR，A           |                    |
| WAIT： | MOVX  | A，@ DPTR           |                    |
|        | JB    | ACC 7，WAIT         | ；等待清除完毕     |
|        | MOV   | TMOD，#20H          |                    |
|        | MOV   | TH1，#0F2H          | ；初始化定时器     |
|        | MOV   | TL1，#0F2H          |                    |
|        | SETB  | TR1                |                    |
|        | MOV   | SCON，#50H          | ；初始化串行口     |
|        | MOV   | 87H，#80H           |                    |
|        | MOV   | 50H，#00H           |                    |
|        | MOV   | 51H，#00H           |                    |
|        | MOV   | 52H，#00H           |                    |
|        | MOV   | 53H，#00H           |                    |
|        | MOV   | 54H，#00H           |                    |
|        | MOV   | 55H，#00H           |                    |
|        | SJMP  | RXACK              |                    |
| DISP： | MOV   | DPTR，#PORT + 1     |                    |
|        | MOV   | A，#90H             |                    |
|        | MOVX  | @ DPTR，A           |                    |
|        | MOV   | R6，#06H            |                    |
|        | MOV   | R1，#50H            |                    |
|        | MOV   | DPTR，#PORT         |                    |
| DL0： | MOV   | A，@ R1             |                    |
|        | MOVX  | @ DPTR，A           |                    |
|        | INC   | R1                 |                    |
|        | DJNZ  | R6，DL0             |                    |
|        | RET   |                    |                    |

|  | SJMP | RXACK |  |
| IF06H： | MOV | A, SBUF | ; 判断呼叫是否有误 |
|  | CJNE | A, #06H, TX15H |  |
| TX00H： | MOV | A, #00H |  |
|  | MOV | SBUF, A |  |
| WAIT1： | JBC | TI, RXBYTES | ; 等待应答信号发送完 |
|  | SJMP | WAIT1 |  |
| TX15H： | MOV | A, #0F0H | ; 向甲机报告接收的呼叫信号不正确 |
|  | MOV | SBUF, A |  |
| WAIT2： | JBC | TI, HAVE1 |  |
|  | SJMP | WAIT2 |  |
| HAVE1： | SJMP | RXACK |  |
| RXBYTES： | JBC | RI, HAVE2 |  |
|  | SJMP | RXBYTES |  |
| HAVE2： | MOV | A, SBUF |  |
|  | MOV | R7, A |  |
|  | MOV | A, #0FH |  |
|  | MOV | SBUF, A |  |
| WAIT3： | JBC | TI, LOOP1 |  |
|  | SJMP | WAIT3 |  |
| LOOP1： | MOV | DPTR, #PORT + 1 |  |
|  | MOV | A, # | ; 显示消隐命令 |
|  | MOVX | @ DPTR, A |  |
|  | MOV | 50H, 51H |  |
|  | MOV | 51H, 52H |  |
|  | MOV | 52H, 53H |  |
|  | MOV | 53H, 54H |  |
|  | MOV | 54H, 55H |  |
|  | MOV | A, R7 |  |
|  | MOV | 55H, A |  |
|  | LCALL | DISP |  |
|  | LJMP | RXACK |  |
|  | END |  |  |

**3.1.13.9　课后练习**

（1）在什么情况下，可以使串行口共工作在模式 0? 工作在模式 0 时，如何初始化 SCON?

（2）用串行口扩展并行 I/O 时，串行口外部需要接入什么电路? 常用的集成电路芯片有哪些?

## 3.1.14　实验十四　D/A 转换实验

**3.1.14.1　实验目的**

（1）了解 D/A 转换的基本原理。

（2）了解 D/A 转换芯片 0832 的性能及编程方法。

（3）了解单片机系统中扩展 D/A 转换的基本方法。

### 3.1.14.2 实验内容

利用 DAC0832，编制程序产生锯齿波、三角波、正弦波。三种波形轮流显示。

### 3.1.14.3 实验设备及元器件

PC 机、EL-8051-Ⅲ型单片机实验箱。

### 3.1.14.4 实验原理

D/A 转换是把数字量转换成模拟量的变换，从 D/A 输出的是模拟电压信号。产生锯齿波和三角波只需由 A 存放的数字量的增减来控制；要产生正弦波，较简单的手段是造一张正弦数字量表。取值范围为一个周期，采样点越多，精度就越高。本实验中，输入寄存器占偶地址端口，DAC 寄存器占较高的奇地址端口。两个寄存器均对数据独立进行锁存。因而要把一个数据通过 0832 输出，要经两次锁存。典型程序段如下：

```
MOV        DPTR, #PORT
MOV        A, #DATA
MOVX       @DPTR, A
INC        DPTR
MOVX       @DPTR, A
```

其中第二次 I/O 写是一个虚拟写过程，其目的只是产生一个 WR 信号，启动 D/A 转换。

### 3.1.14.5 实验步骤

（1）用串行通信电缆将单片机实验装置与计算机相连。

（2）打开单片机实验装置电源，使其进入待命状态。

（3）按实验接线方法进行硬件连线。

（4）启动计算机，并运行已安装好的编辑调试软件 MCS51。

（5）按要求输入、编辑参考源程序，其扩展名为 .ASM。

（6）编译、调试源程序，确认正确无误后，下载到单片机实验箱中。

（7）运行程序，观察并记录程序运行的结果。

### 3.1.14.6 接线方法

（1）DAC0832 的片选 CS0832 接 CS0，输出端 OUT 接示波器探头。

（2）将短路端子 DS 的 1、2 短路。

### 3.1.14.7 程序流程图

程序流程如图 3-12 所示。

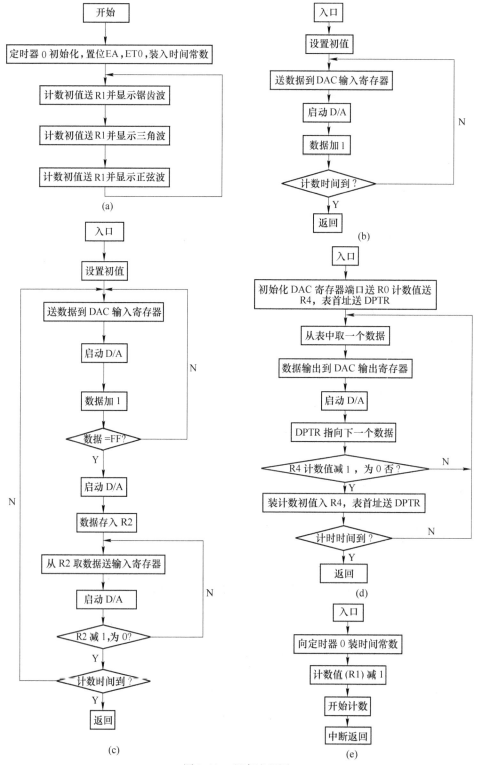

图 3-12　程序流程图

（a）主程序 MAIN；（b）锯齿波显示子程序 PRG1；（c）三角波显示子程序 PRG2；
（d）正弦波显示子程序 PRG3；（e）中断子程序

### 3.1.14.8 参考程序（T14. ASM）

```
PORT      EQU       0CFA0H
          ORG       4000H
          LJMP      START
          ORG       4100H
START:    MOV       R1，#02H         ; 置计数初值于 R1
          ACALL     PRG1            ; 显示锯齿波
          MOV       R1，#01H         ; 置计数初值于 R1
          ACALL     PRG2            ; 显示三角波
          MOV       R1，#01H         ; 置计数初值于 R1
          ACALL     PRG3            ; 显示正弦波
          LJMP      START           ; 转 START 循环显示
PRG1:     MOV       DPTR，#PORT + 1   ; DAC 寄存器端口地址送 DPTR
          MOV       A，#00H          ; 初值送 ACC
LOOP:     MOV       B，#0FFH
LOOP1:    MOV       DPTR，#PORT       ; DAC 输入寄存器端口地址
          MOVX      @ DPTR，A         送出数据
          INC       DPTR            ; 加 1，为 DAC 寄存器端口地址
          MOVX      @ DPTR，A         ; 启动转换
          INC       A               ; 数据加 1
          CJNE      A，#0FFH，LOOP1
          MOV       A，#00H
          DJNZ      B，LOOP1
          DJNZ      R1，LOOP          ; 计数值减到 40H 了吗？没有则继续
          RET                       ; 产生锯齿波
PRG2:     MOV       DPTR，#PORT + 1
          MOV       A，#00H
LP0:      MOV       B，#0FFH
LP1:      MOV       DPTR，#PORT       ; LP1 循环产生三角波前半周期
          MOVX      @ DPTR，A
          INC       DPTR
          MOVX      @ DPTR，A
          INC       A
          CJNE      A，#0FFH，LP1      ; 数据为 FFH 吗？不等则转 LP1
LP2:      MOV       DPTR，#PORT       ; LP2 循环产生三角波后半周期
          MOV       A，R2
          MOVX      @ DPTR，A
          INC       DPTR
          MOVX      @ DPTR，A
          DJNZ      R2，LP2
          DJNZ      B，LP1
          DJNZ      R1，LP0           ; 计数值到 80H 则退出执行下一步
```

|       | RET   |              |                          |
|-------|-------|--------------|--------------------------|
| PRG3: | MOV   | B，#00H       |                          |
| LP3:  | MOV   | DPTR，#DATA0  |                          |
|       | MOV   | R4，#0FFH     | ；FFH 为 DATA0 表中的数据个数    |
| LP4:  | MOVX  | A，@DPTR      | ；从表中取数据                  |
|       | MOV   | R3，DPH       |                          |
|       | MOV   | R5，DPL       |                          |
|       | MOV   | DPTR，#PORT   |                          |
|       | MOVX  | @DPTR，A      |                          |
|       | INC   | DPTR         |                          |
|       | MOVX  | @DPTR，A      |                          |
|       | MOV   | DPH，R3       |                          |
|       | MOV   | DPL，R5       |                          |
|       | INC   | DPTR         | ；地址下移                    |
|       | DJNZ  | R4，LP4       |                          |
|       | DJNZ  | B，LP3        |                          |
|       | DJNZ  | R1，PRG3      |                          |
|       | RET   |              |                          |
| DATA0: | DB   | 80H，83H，86H，89H，8DH，90H，93H，96H |
|       | DB    | 99H，9CH，9FH，0A2H，0A5H，0A8H，0ABH，0AEH |
|       | DB    | 0B1H，0B4H，0B7H，0BAH，0BCH，0BFH，0C2H，0C5H |
|       | DB    | 0C7H，0CAH，0CCH，0CFH，0D1H，0D4H，0D6H，0D8H |
|       | DB    | 0DAH，0DDH，0DFH，0E1H，0E3H，0E5H，0E7H，0E9H |
|       | DB    | 0EAH，0ECH，0EEH，0EFH，0F1H，0F2H，0F4H，0F5H |
|       | DB    | 0F6H，0F7H，0F8H，0F9H，0FAH，0FBH，0FCH，0FDH |
|       | DB    | 0FDH，0FEH，0FFH，0FFH，0FFH，0FFH，0FFH，0FFH |
|       | DB    | 0FFH，0FFH，0FFH，0FFH，0FFH，0FFH，0FEH，0FDH |
|       | DB    | 0FDH，0FCH，0FBH，0FAH，0F9H，0F8H，0F7H，0F6H |
|       | DB    | 0F5H，0F4H，0F2H，0F1H，0EFH，0EEH，0ECH，0EAH |
|       | DB    | 0E9H，0E7H，0E5H，0E3H，0E1H，0DEH，0DDH，0DAH |
|       | DB    | 0D8H，0D6H，0D4H，0D1H，0CFH，0CCH，0CAH，0C7H |
|       | DB    | 0C5H，0C2H，0BFH，0BCH，0BAH，0B7H，0B4H，0B1H |
|       | DB    | 0AEH，0ABH，0A8H，0A5H，0A2H，9FH，9CH，99H |
|       | DB    | 96H，93H，90H，8DH，89H，86H，83H，80H |
|       | DB    | 80H，7CH，79H，76H，72H，6FH，6CH，69H |
|       | DB    | 66H，63H，60H，5DH，5AH，57H，55H，51H |
|       | DB    | 4EH，4CH，48H，45H，43H，40H，3DH，3AH |
|       | DB    | 38H，35H，33H，30H，2EH，2BH，29H，27H |
|       | DB    | 25H，22H，20H，1EH，1CH，1AH，18H，16H |
|       | DB    | 15H，13H，11H，10H，0EH，0DH，0BH，0AH |
|       | DB    | 09H，8H，7H，6H，5H，4H，3H，2H |
|       | DB    | 02H，1H，0H，0H，0H，0H，0H，0H |
|       | DB    | 00H，0H，0H，0H，0H，0H，1H，2H |

```
DB      02H, 3H, 4H, 5H, 6H, 7H, 8H, 9H
DB      0AH, 0BH, 0DH, 0EH, 10H, 11H, 13H, 15H
DB      16H, 18H, 1AH, 1CH, 1EH, 20H, 22H, 25H
DB      27H, 29H, 2BH, 2EH, 30H, 33H, 35H, 38H
DB      3AH, 3DH, 40H, 43H, 45H, 48H, 4CH, 4EH
DB      51H, 51H, 55H, 57H, 5AH, 5DH, 60H, 63H
DB      69H, 6CH, 6FH, 72H, 76H, 79H, 7CH, 80H
END
```

### 3.1.14.9  课后练习

（1）如何改变锯齿波的频率和极性？

（2）若使用 DAC0832 以单缓冲方式工作来产生梯形波，应如何修改程序？

## 3.1.15  实验十五  A/D 转换实验

### 3.1.15.1  实验目的

（1）掌握 A/D 转换与单片机的接口方法。

（2）了解 A/D 芯片 ADC0809 转换性能及编程方法。

（3）通过实验了解单片机如何进行数据采集。

### 3.1.15.2  实验内容

利用实验台上的 ADC0809 作为 A/D 转换器，实验箱上的电位器提供模拟电压信号输入，编制程序，将模拟量转换成数字量，用数码管显示模拟量转换的结果。

### 3.1.15.3  实验设备及元器件

PC 机、EL-8051-Ⅲ型单片机实验箱。

### 3.1.15.4  实验原理

A/D 转换器大致有三类：一是双积分 A/D 转换器，优点是精度高，抗干扰性好，价格便宜，但速度慢；二是逐次逼近法 A/D 转换器，精度、速度、价格适中；三是并行 A/D 转换器，速度快，价格也昂贵。实验用的 ADC0809 属第二类，是八位 A/D 转换器。每采集一次需 100μs。ADC0809 START 端为 A/D 转换启动信号，ALE 端为通道选择地址的锁存信号。实验电路中将其相连，以便同时锁存通道地址并开始 A/D 采样转换，故启动 A/D 转换只需如下两条指令：

```
MOV   DPTR, #PORT
MOVX @ DPTR, A
```

A 中为何内容并不重要，这是一次虚拟写。在中断方式下，A/D 转换结束后会自动产生 EOC 信号，将其与 8031CPU 板上的 INT0 相连接。在中断处理程序中，使用如下指令即可读取 A/D 转换的结果：

MOV DPTR，#PORT

MOVX A，@ DPTR

### 3.1.15.5　实验步骤

（1）用串行通信电缆将单片机实验装置与计算机相连。

（2）打开单片机实验装置电源，使其进入待命状态。

（3）按实验接线方法进行硬件连线。

（4）启动计算机，并运行已安装好的编辑调试软件 MCS51。

（5）按要求输入、编辑参考源程序，其扩展名为 .ASM。

（6）编译、调试源程序，确认正确无误后，下载到单片机实验箱中。

（7）运行程序，观察并记录程序运行的结果。

### 3.1.15.6　接线方法

（1）0809 的片选信号 CS0809 接 CS0；

（2）电位器的输出信号 AN0 接 0809 的 ADIN0；

（3）EOC 接 CPU 板的 INT0。

### 3.1.15.7　程序流程图

程序流程如图 3-13 所示。

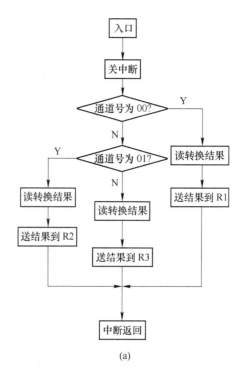

(a)

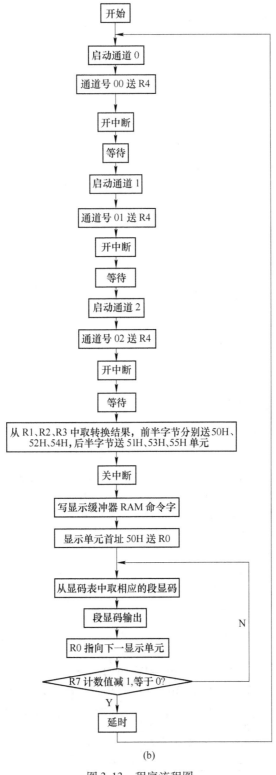

(b)

图 3-13　程序流程图

（a）中断服务程序；（b）主程序

### 3.1.15.8　参考程序（T15. ASM）

```
PORT       EQU       0CFA0H
           ORG       0000H
           LJMP      START
CSEG       AT        4100H
START:     MOV       DPTR, #PORT        ; 启动通道 0
           MOVX      @ DPTR, A
           MOV       R0, #0FFH
LOOP1:     DJNZ      R0, LOOP1          ; 等待中断
           MOVX      A, @ DPTR
           MOV       R1, A
DISP:      MOV       A, R1              ; 从 R1 中取转换结果
           SWAP      A                  ; 分离高四位和低四位
           ANL       A, #0FH            ; 并依次存放在 50H 到 51H 中
           MOV       50H, A
           MOV       A, R1
           ANL       A, #0FH
           MOV       51H, A
LOOP:      MOV       DPTR, #0CFE9H      ; 写显示 RAM 命令字
           MOV       A, #90H
           MOVX      @ DPTR, A
           MOV       R0, #50H           ; 存放转换结果地址初值送 R0
           MOV       R1, #02H
           MOV       DPTR, #0CFE8H      ; 8279 数据口地址
DL0:       MOV       A, @ R0
           ACALL     TABLE              ; 转换为显码
           MOVX      @ DPTR, A          ; 送显码输出
           INC       R0
           DJNZ      R1, DL0
           SJMP      DEL1
TABLE:     INC       A
           MOVC      A, @ A + PC
           RET
           DB        3FH, 06H, 5BH, 4FH, 66H, 6DH, 7DH, 07H
           DB        7FH, 6FH, 77H, 7CH, 39H, 5EH, 79H, 71H
DEL1:      MOV       R6, #255           ; 延时一段时间使显示更稳定
DEL2:      MOV       R5, #255
DEL3:      DJNZ      R5, DEL3
           DJNZ      R6, DEL2
           LJMP      START              ; 循环
           END
```

3.1.15.9 课后练习

（1）单片机对 ADC0809 进行数据采集时，采用查询方式和采用中断方式有何不同？

（2）若 ADC0809 IN0 ~ IN7 这 8 个输入端均有模拟量输入，应如何修改程序以实现对 8 个通道数据的轮流采集？

（3）若输入模拟电压为 2.4V，理论上转换值应该为多少，实际为多少？

### 3.1.16 实验十六 存储器扩展实验

3.1.16.1 实验目的

（1）掌握 PC 存储器扩展的方法。

（2）熟悉 62256 芯片的接口方法。

3.1.16.2 实验内容

向外部存储器的 7000H 到 8000H 区间循环输入 00 ~ 0FFH 数据段。设置断点，打开外部数据存储器观察窗口，设置外部存储器的窗口地址为 7000H ~ 7FFFH。全速运行程序，当程序运行到断点处时，观察 7000H ~ 7FFFH 的内容是否正确。

3.1.16.3 实验设备及元器件

PC 机、EL-8051-Ⅲ型单片机实验箱。

3.1.16.4 实验原理

实验系统上的两片 6264 的地址范围分别为：3000H ~ 3FFFH，4000H ~ 7FFFH，既可作为实验程序区，也可作为实验数据区。62256 的所有信号均已连好。

3.1.16.5 实验步骤

（1）用串行通信电缆将单片机实验装置与计算机相连。

（2）打开单片机实验装置电源，使其进入待命状态。

（3）按实验接线方法进行硬件连线。

（4）启动计算机，并运行已安装好的编辑调试软件 MCS51。

（5）按要求输入、编辑参考源程序，其扩展名为 .ASM。

（6）编译、调试源程序，确认正确无误后，下载到单片机实验箱中。

（7）运行程序，观察并记录程序运行的结果。

3.1.16.6 接线方法

不需接线。

3.1.16.7 程序流程图

程序流程如图 3-14 所示。

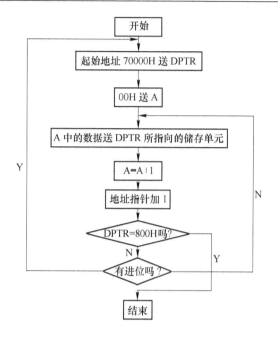

图 3-14　程序流程图

### 3.1.16.8　参考程序（T16.ASM）

```
LJMP        START
ORG         4100H
START:      MOV         DPTR, #7000H        ; 起始地址送 DPTR
LOOP1:      MOV         A, #00H             ; 置数据初值
LOOP:       MOVX        @DPTR, A
            ADD         A, #01H             ; 数据加 1
            INC         DPTR                ; 地址加 1
            MOV         R0, DPH
            CJNE        R0, #80H, LOOP      ; 数据是否写完，没写完则继续
            NOP
            SJMP        START
            END
```

### 3.1.16.9　课后练习

（1）对片外 RAM 的读写操作，应使用什么指令？应采用哪一种寻址方式？

（2）若将外部 RAM 的 2000H ~ 200FH 单元中的 16 个数传送到外部 RAM 的 4000H ~ 400FH 单元中，应如何修改程序？

## 3.1.17　实验十七　8253 定时器实验

### 3.1.17.1　实验目的

（1）学习 8253 扩展定时器的工作原理。

（2）学习 8253 扩展定时器的使用方法。

### 3.1.17.2　实验内容

向 8253 定时控制器写入控制命令字，通过示波器观察输出波形。

### 3.1.17.3　实验设备及元器件

PC 机、EL-8051-Ⅲ型单片机实验箱。

### 3.1.17.4　实验原理

8253 是自动控制系统中经常使用的可编程定时器/计数器，其内部有三个相互独立的计数器，分别称为 T0、T1、T2。8253 有多种工作方式，其中方式 3 为方波方式。当计数器设好初值后，计数器递减计数，在计数值的前一半输出高电平，后一半输出低电平。实验中，T0 的时钟由 CLK3 提供，其频率为 750kHz。程序中，T0 的初值设为 927CH（37500十进制），则 OUT0 输出的方波周期为（$37500 \times 4/3 \times 10^{-6} = 0.05$s）。T1 采用 OUT0 的输出为时钟，则在 T2 中设置初值为 $n$ 时，则 OUT2 输出方波周期为 $n \times 0.05$s。$n$ 的最大值为 FFFFH，所以 OUT2 输出方波最大周期为 3276.75s（54.6min）。可见，采用计数器叠加使用后，输出周期范围可以大幅度提高，这在实际控制中是非常有用的。

### 3.1.17.5　实验步骤

（1）用串行通信电缆将单片机实验装置与计算机相连。
（2）打开单片机实验装置电源，使其进入待命状态。
（3）按实验接线方法进行硬件连线。
（4）启动计算机，并运行已安装好的编辑调试软件 MCS51。
（5）按要求输入、编辑参考源程序，其扩展名为 .ASM。
（6）编译、调试源程序，确认正确无误后，下载到单片机实验箱中。
（7）运行程序，观察并记录程序运行的结果。

### 3.1.17.6　接线方法

（1）8253 的片选 CS8253 与 CS0 相连，8253CLK0 与 CLK3 相连，OUT0 与 8253CLK1相连；
（2）示波器的信号探头与 OUT0 相连；OUT1 与发光二极管的输入 LED8 相连。

### 3.1.17.7　程序流程图

程序流程如图 3-15 所示。

### 3.1.17.8　参考程序（T17.ASM）

```
ORG      4000H
AJMP     START
ORG      4030H
```

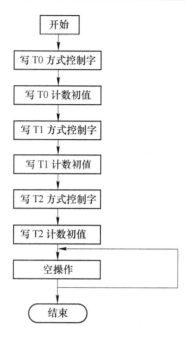

图 3-15　程序流程图

| START: | MOV | DPTR, #0CFA3H | |
|---|---|---|---|
| | MOV | A, #36H | ; 计数器 0 为模式 3 |
| | MOVX | @ DPTR, A | |
| | MOV | DPTR, #0CFA0H | |
| | MOV | A, #7CH | ; 计数值 |
| | MOVX | @ DPTR, A | |
| | MOV | A, #92H | |
| | MOVX | @ DPTR, A | |
| | MOV | DPTR, #0CFA3H | ; 计数器 1 为模式 3 |
| | MOV | A, #76H | |
| | MOVX | @ DPTR, A | |
| | MOV | DPTR, #0CFA1H | |
| | MOV | A, #5H | ; 计数值 |
| | MOVX | @ DPTR, A | |
| | MOV | A, #05H | |
| | MOVX | @ DPTR, Λ | |
| START1: | NOP | | |
| | SJMP | START1 | |
| | END | | |

### 3.1.17.9　课后练习

叙述 8253 扩展定时器的工作原理。

## 3.1.18 实验十八 8259 中断控制器实验

### 3.1.18.1 实验目的

（1）学习 8259 中断扩展控制器的工作原理。
（2）学习 8259 中断扩展控制器的使用方法。

### 3.1.18.2 实验内容

向 8259 中断扩展控制器写入控制命令字，通过发光二极管观察中断情况。

### 3.1.18.3 实验设备及元器件

PC 机、EL-8051-Ⅲ型单片机实验箱。

### 3.1.18.4 实验原理

（1）编译、全速运行程序 T18.ASM，应能观察到发光二极管点亮约 2s 后熄灭。
（2）先将 P+ 与 IR0 相连，按动 PULSE 按键，发光二极管 LED1 点亮，再按 PULSE 键，发光二极管 LED1 熄灭，依次将 P+ 与 IR1~IR7 相连，重复按动 PULSE 键，相应的 LED 发光二极管有亮、灭的交替变化。

### 3.1.18.5 实验步骤

（1）用串行通信电缆将单片机实验装置与计算机相连。
（2）打开单片机实验装置电源，使其进入待命状态。
（3）按实验接线方法进行硬件连线。
（4）启动计算机，并运行已安装好的编辑调试软件 MCS51。
（5）按要求输入、编辑参考源程序，其扩展名为 .ASM。
（6）编译、调试源程序，确认正确无误后，下载到单片机实验箱中。
（7）运行程序，观察并记录程序运行的结果。

### 3.1.18.6 接线方法

（1）8259 的片选 CS8259 与 CS0 相连，51INTX 与 INT0 相连；
（2）P1.0~P1.7 与发光二极管的输入 LED1~LED8 相连，P+ 逐次与 IR0~IR7 相连。

### 3.1.18.7 程序流程图

程序流程如图 3-16 所示。

### 3.1.18.8 参考程序（T18.ASM）

```
CON0 _8259      EQU         0CFA0H
CON1 _8259      EQU         0CFA1H
                ORG         4000H
```

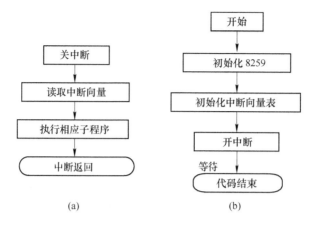

图 3-16 程序流程图

（a）中断服务程序；（b）主程序

```
          LJMP      START
          ORG       4003H
          CLR       EA
          MOV       DPTR, #CON0 _ 8259
          MOVX      A, @ DPTR
          MOVX      A, @ DPTR
          MOV       R0, A
          MOVX      A, @ DPTR
          MOV       DPH, A
          MOV       A, R0
          MOV       DPL, A
          CLR       A
          JMP       @ A + DPTR
          ORG       4030H
START:    MOV       SP, #50H
          MOV       DPTR, #CON0 _ 8259
          MOV       A, #96H
          MOVX      @ DPTR, A
          MOV       DPTR, #CON1 _ 8259
          MOV       A, #40H
          MOVX      @ DPTR, A
          JMP       START
          MOV       A, #0FFH
          MOVX      @ DPTR, A
          MOV       DPTR, #CON0 _ 8259
          MOV       A, #000H
          MOVX      @ DPTR, A
          MOV       DPTR, #CON1 _ 8259
          MOV       A, #00H
```

| | MOVX | @DPTR，A |
| --- | --- | --- |
| | MOV | P1，#00H |
| | LCALL | DELAY |
| | MOV | P1，#0FFH |
| | CLR | IT0 |
| | SETB | EX0 |
| | SETB | EA |
| WAIT： | AJMP | WAIT |
| | ORG | 4080H |
| | AJMP | IR0 |
| | ORG | 4084H |
| | AJMP | IR1 |
| | ORG | 4088H |
| | AJMP | IR2 |
| | ORG | 408CH |
| | AJMP | IR3 |
| | ORG | 4090H |
| | AJMP | IR4 |
| | ORG | 4094H |
| | AJMP | IR5 |
| | ORG | 4098H |
| | AJMP | IR6 |
| | ORG | 409CH |
| | AJMP | IR7 |
| IR0： | CPL | P1.0 |
| | ACALL | DELAY |
| | AJMP | EOI |
| IR1： | CPL | P1.1 |
| | ACALL | DELAY |
| | AJMP | EOI |
| IR2： | CPL | P1.2 |
| | ACALL | DELAY |
| | AJMP | EOI |
| IR3： | CPL | P1.3 |
| | ACALL | DELAY |
| | AJMP | EOI |
| IR4： | CPL | P1.4 |
| | ACALL | DELAY |
| | AJMP | EOI |
| IR5： | CPL | P1.5 |
| | ACALL | DELAY |
| | AJMP | EOI |
| IR6： | CPL | P1.6 |

```
                ACALL       DELAY
                AJMP        EOI
IR7：           CPL         P1.7
                ACALL       DELAY
EOI：           MOV         DRTP, #CON0 _ 8259
                MOV         A, #20H
                MOVX        @ DPTR, A
                SETB        EA
                REIT
DELAY：         MOV         R1, #4H
DELAY1：        MOV         R, 0FFH
DELAY2：        MOV         R3, #0FFH
DELAY3：        NOP
                DJNZ        R3, DELAY3
                DJNZ        R2, DELAY2
                DJNZ        R1, DELAY1
                RET
                END
```

### 3.1.18.9  课后练习

（1）8259A 中 IRR、IMR 和 ISR 三个寄存器的作用是什么？

（2）8259A 的 ICW2 设置了中断类型码的哪几位？说明对 8259A 分别设置 ICW2 为 30H、38H、36H 有什么差别？

## 3.1.19  实验十九  CPLD 实验

### 3.1.19.1  实验目的

（1）学习 CPLD 芯片的工作原理。

（2）学习 MAXPLUS-Ⅱ的编程方法。

### 3.1.19.2  实验内容

由 PC 机通过串口，与系统板的 JTAG 接口，下载编写的 CPLD 程序，通过试验加以验证。

### 3.1.19.3  实验设备及元器件

PC 机、EL-8051-Ⅲ型单片机实验箱。

### 3.1.19.4  实验原理

略。

### 3.1.19.5  实验步骤

（1）用串行通信电缆将单片机实验装置与计算机相连。

（2）打开单片机实验装置电源，使其进入待命状态。

（3）按实验接线方法进行硬件连线。

（4）启动计算机，并运行已安装好的编辑调试软件 MCS51。

（5）按要求输入、编辑参考源程序，其扩展名为 .ASM。

（6）编译、调试源程序，确认正确无误后，下载到单片机实验箱中。

（7）运行程序，观察并记录程序运行的结果。

### 3.1.19.6 接线方法

（1）8255 的片选 CS8255 与 LCS0 相连；

（2）PA.0 ~ PA.7 与发光二极管的输入 LED1 ~ LED8 相连；

（3）PB.0 ~ PB.7 与平推开关的输出 K1 ~ K8 相连。

### 3.1.19.7 参考程序（T19.ASM）

```
A_ADR_8255      EQU        0D000H
B_ADR_8255      EQU        0D001H
C_ADR_8255      EQU        0D002H
CON_8255        EQU        0D003H
                ORG        0000H
                LJMP       START
                ORG        4100H
START:          MOV        A, #82H
                MOV        DPTR, #CON_8255
                MOVX       @DPTR, A
LP0:            MOV        DPTR, #B_ADR_8255
                MOVX       A, @DPTR
                MOV        DPTR, #A_ADR_8255
                MOVX       @DPTR, A
                MOV        DPTR, #C_ADR_8255
                MOVX       @DPTR, A
                AJMP       LP0
                END
```

### 3.1.19.8 课后练习

（1）CPLD 器件中至少包含哪三种结构？

（2）叙述 EDA 的 CPLD/FPGA 设计流程。

## 3.1.20 实验二十 LCD 显示实验

### 3.1.20.1 实验目的

（1）学习液晶显示的编程方法。

（2）了解液晶显示模块的工作原理。

（3）掌握液晶显示模块与单片机的接口方法。

### 3.1.20.2　实验内容

编程实现在液晶显示屏上显示中文汉字"北京理工达盛科技有限公司"。

### 3.1.20.3　实验设备及元器件

PC 机、EL-8051-Ⅲ型单片机实验箱。

### 3.1.20.4　实验原理

略。

### 3.1.20.5　实验步骤

（1）用串行通信电缆将单片机实验装置与计算机相连。
（2）打开单片机实验装置电源，使其进入待命状态。
（3）按实验接线方法进行硬件连线。
（4）启动计算机，并运行已安装好的编辑调试软件 MCS51。
（5）按要求输入、编辑参考源程序，其扩展名为 .ASM。
（6）编译、调试源程序，确认正确无误后，下载到单片机实验箱中。
（7）运行程序，观察并记录程序运行的结果。

### 3.1.20.6　接线方法

（1）实验连线：8255 的 PA0 ~ PA7 接 DB0 ~ DB7，PC7 接 BUSY，PC0 接 REQ，CS8255 接 CS0。
（2）运行实验程序 T20.ASM，观察液晶的显示状态。

### 3.1.20.7　程序流程图

程序流程如图 3-17 所示。

### 3.1.20.8　参考程序（T20.ASM）

```
PA       EQU     0CFA0H
PB       EQU     0CFA1H
PCC      EQU     0CFA2H
PCTL     EQU     0CFA3H
STOBE0   EQU     70H              ; PC0 复位控制字
STOBE1   EQU     71H              ; PC0 置位控制字
         ORG     0000H
         LJMP    START
         ORG     4100H
START:   MOV     DPTR, #PCTL
         MOV     A, #88H
```

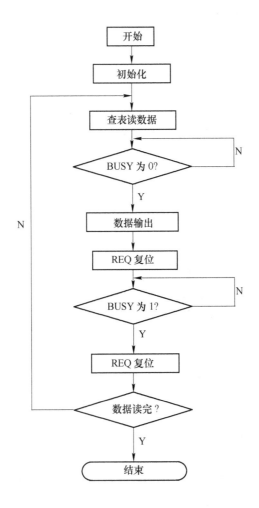

图 3-17 程序流程图

| | MOVX | @DPTR, A | ; 置 PA 口输出, PC 口高 4 位输入, 低 4 位输出 |
|---|---|---|---|
| | MOV | DPTR, #PCTL | |
| | MOV | A, #STOBE0 | |
| | MOVX | @DPTR, A | |
| | MOV | A, #0F4H | |
| | ACALL | SUB2 | |
| | ACALL | DELAY | ; 清屏 |
| START1: | MOV | R0, #01H | |
| | MOV | R1, #3CH | |
| HE1: | MOV | DPTR, #PCC | |
| | MOVX | A, @DPTR | |
| | JB | ACC7, HE1 | |
| | ACALL | SUB1 | |
| | ACALL | SUB2 | |

```
            DJNZ      R1，HE1
            ACALL     DELAY
            ACALL     DELAY
            ACALL     DELAY
            LJMP      START1
DELAY：     MOV       R2，#23H
DEL0：      MOV       R4，#06FH
DEL1：      MOV       R6，#06FH
DEL2：      DJNZ      R6，DEL2
            DJNZ      R4，DEL1
            DJNZ      R2，DEL0
            RET
SUB2：      MOV       DPTR，#PA
            MOVX      @ DPTR，A
            MOV       DPTR，#PCTL
            MOV       A，#STOBE1
            MOVX      @ DPTR，A
            INC       R0
HE2：       MOV       DPTR，#PCC
            MOVX      A，@ DPTR
            JNB       ACC.7，HE2
            MOV       DPTR，#PCTL
            MOV       A，#STOBE0
            MOVX      @ DPTR，A
            RET
SUB1：      MOV       A，R0             ；显示"北京理工达盛科技有限公司"
            MOVC      A，@ A + PC
            RET
            DB        0F0H，01D，00D，17D，17D，0F0H，02D，00D，30D，09D
            DB        0F0H，03D，00D，32D，77D，0F0H，04D，00D，25D，04D
            DB        0F0H，05D，00D，20D，79D，0F0H，06D，00D，42D，02D
            DB        0F0H，01D，01D，31D，38D，0F0H，02D，01D，28D，28D
            DB        0F0H，03D，01D，51D，48D，0F0H，04D，01D，47D，62D
            DB        0F0H，05D，01D，25D，11D，0F0H，06D，01D，43D，30D
            END
```

### 3.1.20.9  课后练习

（1）在 LCD 的第 1 行中间显示字符串 "Welcome"。

（2）设计一个 LCD 显示的接口电路连接图，使 LCD 只第一行显示 "ABCDEF" 6 个字符，并编写驱动程序。

## 3.2 软件实验

### 3.2.1 实验二十一 单片机编译调试软件使用

#### 3.2.1.1 实验目的

学习单片机编译调试软件的使用方法。

#### 3.2.1.2 实验内容

单片机编译调试软件 Keil C51 的使用。

#### 3.2.1.3 实验设备及元器件

安装有单片机编译调试软件 Keil C51 的计算机 1 台。

#### 3.2.1.4 实验步骤

见附录 2。

#### 3.2.1.5 参考程序

```
            ORG      0000H              ; 开始
START：    MOV      P0，#0FFH          ; P0 口置 1
            LCALL    DELAY             ; 调用延时子程序
            MOV      P0，#00H           ; P0 口清零
            LCALL    DELAY             ; 调用延时子程序
            AJMP     START             ; 转到开始
DELAY：    MOV      R7，#100           ; 延时子程序
DL1：      MOV      R6，#50
DL2：      MOV      R5，#20
            DJNZ     R6，DL2
            DJNZ     R7，DL1
            RET                        ; 子程序调用返回
            END                        ; 程序结束
```

#### 3.2.1.6 课后练习

（1）在 Keil C 的调试状态下，如何观察和修改变量？
（2）在 Keil C 的调试状态下，如何使用跟踪运行、单步运行、跳出函数运行命令？
（3）在 Keil C 的调试状态下，如何观察和修改寄存器？

### 3.2.2 实验二十二 单片机虚拟仿真软件使用

#### 3.2.2.1 实验目的

学习单片机仿真软件的使用方法。

### 3.2.2.2　实验内容

用 Proteus 仿真软件绘制单灯闪烁控制电路图。

### 3.2.2.3　实验设备及元器件

安装有单片机仿真软件 Proteus 的计算机 1 台。

### 3.2.2.4　实验电路

实验电路如图 3-18 所示。

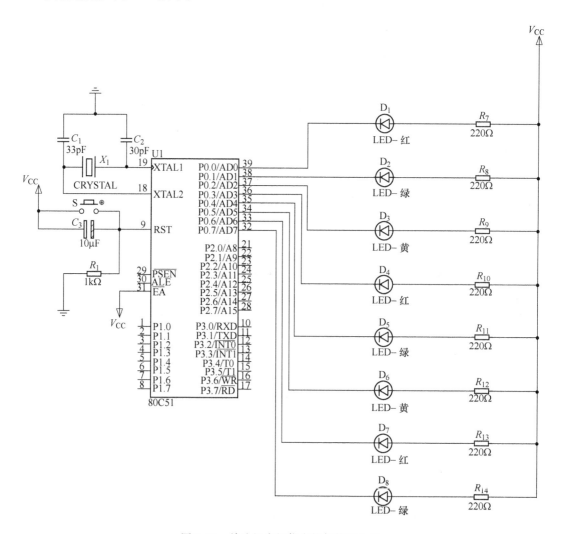

图 3-18　单片机虚拟仿真软件使用电路

### 3.2.2.5　实验步骤

（1）双击桌面上的 ISIS 7 Professional 图标进入 Proteus ISIS 集成环境。

（2）首先点击启动界面"对象选择按钮"区域中的"P"按钮，从元件库中拾取所需的元器件。

（3）添加好元器件以后，将元器件按照电路图的需要连接成电路原理图。

（4）修改好各组件属性。

（5）进行导线连接。

（6）将程序（HEX 文件）载入单片机。

### 3.2.2.6 参考程序

```
          ORG      0000H
START:    MOV      00H，#0F0H
          MOV      20H，#0FFH
          MOV      R1，#00H
          MOV      A，@R1
          MOV      R2，20H
          MOV      P0，#00H
          MOV      R7，A
          SETB     C
          SETB     RS0
          MOV      R0，A
          END
```

### 3.2.2.7 课后练习

（1）什么是仿真调试？

（2）单片机的硬件调试主要内容有哪些？

## 3.2.3 实验二十三 循环彩灯软件仿真

### 3.2.3.1 实验目的

（1）学习延时程序、循环程序的编写方法。

（2）熟练使用 Proteus 和 Keil C 软件对循环彩灯电路进行仿真。

### 3.2.3.2 实验内容

利用查表的方式实现彩灯的花样控制，实现多种花样周期性闪烁。并判断查表是否结束，同时将查表取得的数据送到口线上，实现输出，使连接的发光二极管能够忽明忽暗闪烁，形成彩灯花样。

采用查表方式建立的程序，在单片机上电复位后，开始控制 P0 口的发光二极管从 D1 开始 D8 依次连续每隔 0.2s 左右闪亮一次，呈现流水状两次，然后 D1 和 D3 同时亮，D2 和 D4 亮，依次每隔 0.2s，就有两个灯亮。

### 3.2.3.3 实验设备及元器件

安装有单片机编辑编译软件 Keil C 以及虚拟仿真软件 Proteus 的计算机 1 台。

### 3.2.3.4  实验电路

实验电路如图 3-19 所示。

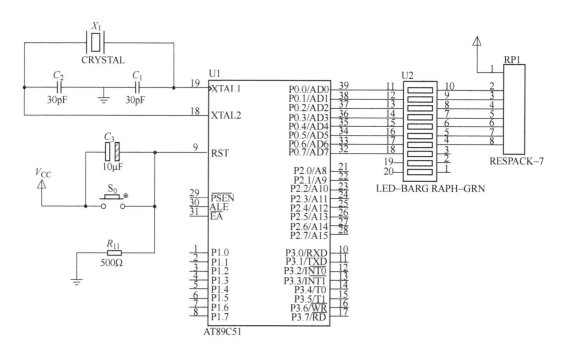

图 3-19  循环彩灯软件仿真电路

### 3.2.3.5  实验步骤

（1）用单片机 Proteus 软件绘制电路原理图。
（2）用 Keil C 软件对电路进行程序编辑编译。
（3）将生成的 HEX 格式目标文件装载入单片机芯片中进行仿真运行。

### 3.2.3.6  参考程序

| | | | |
|---|---|---|---|
| MAIN: | CLR | A | ; 初始化 |
| | MOV | DPTR, #SHEET | ; 取表首地址 |
| | MOV | R0, A | ; 初始化 |
| LOOP: | MOV | A, R0 | ; 准备查表 |
| | MOVC | A, @ A + DPTR | ; 查表 |
| | CJNE | A, #01H, SHOW | ; 判断查表是否结束 |
| | AJMP | MAIN | ; 若查表结束，重新开始 |
| SHOW: | MOV | P0, A | ; 输出到 P0 口 |
| | LCALL | DELAY | ; 调用延时子程序 |
| | INC | R0 | ; 准备下次查表 |

| | AJMP | LOOP | ；继续查表 |
| DELAY： | MOV | R7，#100 | ；延时子程序 |
| D1： | MOV | R6，#50 | |
| D2： | MOV | R5，#50 | |
| | DJNZ | R5，$ | |
| | DJNZ | R6，D2 | |
| | DJNZ | R7，D1 | |
| | RET | | |
| SHEET： | DB | 0FEH，0FDH，0FBH，0F7H | |
| | DB | 0EFH，0DFH，0BFH，7FH | ；单灯流水两遍 |
| | DB | 0FEH，0FDH，0FBH，0F7H | |
| | DB | 0EFH，0DFH，0BFH，7FH | |
| | DB | 0FAH，0F5H，0EBH，0D7H | |
| | DB | 0AFH，5FH，0BEH，7DH | ；双灯流水两遍 |
| | DB | 0FAH，0F5H，0EBH，0D7H | |
| | DB | 0AFH，5FH，0BEH，7DH | |
| | DB | 01H | ；表结束标志 |
| | END | | |

### 3.2.3.7 课后练习

利用 RLC 或 RRC 指令，实现发光二极管的左循环或右循环点亮。

## 3.2.4 实验二十四 中断键控彩灯软件仿真

### 3.2.4.1 实验目的

（1）学习延时程序、查表程序的写方法。

（2）熟练使用 Proteus 和 Keil C 软件对中断键控彩灯电路进行仿真。

### 3.2.4.2 实验内容

通过单片机的中断功能，实现对连接在 P0 口上的彩灯进行控制，S7、S8 是实现中断控制的按键，通过上拉电阻分别连接在外部中断 0、外部中断 1 口线上，采用电平触发工作方式。在无中断产生时，可以让 8 只发光二极管循环显示，每按一次 S7 键，完成一次灭灯工作，每按一次 S8 键，完成一次亮灯工作。通过发光二极管的不同工作状态，反映单片机的中断功能。

### 3.2.4.3 实验设备及元器件

安装有单片机编辑编译软件 Keil C 以及虚拟仿真软件 Proteus 的计算机 1 台。

### 3.2.4.4 实验电路

实验电路如图 3-20 所示。

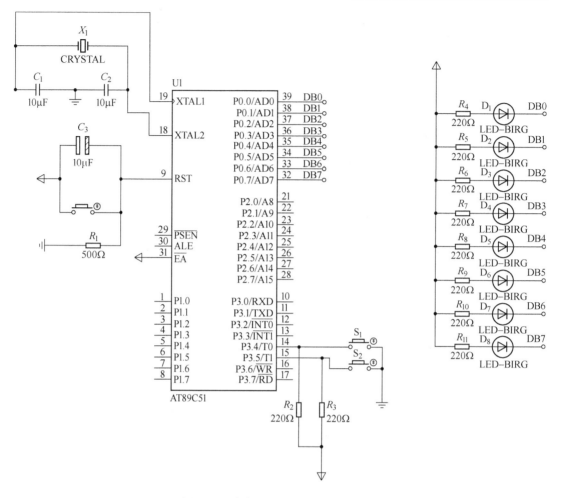

图 3-20  中断键控彩灯软件仿真电路

#### 3.2.4.5　实验步骤

（1）用单片机 Proteus 软件绘制电路原理图。

（2）用 Keil C 软件对电路进行程序编辑编译。

（3）将生成的 HEX 格式目标文件装载入单片机芯片中进行仿真运行。

#### 3.2.4.6　参考程序

```
          ORG       0000H
          AJMP      MAIN
          ORG       0003H
          AJMP      INT_0
          ORG       0013H
          AJMP      INT_1
          ORG       0100H
MAIN:     SETB      EX0
```

| | SETB | EX1 |
|---|---|---|
| | SETB | EA |
| | CLR | IT0 |
| | CLR | IT1 |
| | MOV | A, #0FEH |
| MAIN1： | MOV | P0, A |
| | ACALL | DELAY |
| | RL | A |
| | SJMP | MAIN1 |
| INT_0： | CLR | EA |
| | MOV | P0, #00H |
| | LCALL | DELAY |
| | SETB | EA |
| | RETI | |
| INT_1： | CLR | EA |
| | MOV | P0, #0FFH |
| | LCALL | DELAY |
| | SETB | EA |
| | RETI | |
| DELAY： | MOV | R5, #100 |
| DELAY1： | MOV | R6, #0FFH |
| DELAY2： | DJNZ | R6, DELAY2 |
| | DJNZ | R5, DELAY1 |
| | RET | |
| | END | |

#### 3.2.4.7 课后练习

（1）简述中断的处理过程，以及在中断的处理过程中应遵循的原则。

（2）什么是中断优先级？中断优先级如何设置？

（3）如采用外部中断 0，下降沿触发工作方式，高优先级中断，试写出相应的程序。

### 3.2.5 实验二十五 加（减）1 计数器软件仿真

#### 3.2.5.1 实验目的

（1）掌握加（减）1 计数器电路的设计，理解其控制原理。

（2）熟练使用 Proteus 和 Keil C 软件对加（减）1 计数器电路进行仿真。

#### 3.2.5.2 实验内容

通过单片机的控制，要求实现以下功能：T0 每输入一个负脉冲（键 S9 闭合），P0 口的 LED 显示值加 1，T1 每输入一个负脉冲（键 S10 闭合），P0 的 LED 显示值减 1（以 BCD 码表示）。P0.0 ~ P0.3 为个位，P0.4 ~ P0.7 为十位。利用单片机的计数功能，设定计数初值，在每一个脉冲到来后，使计数器产生溢出，形成中断申请，执行中断子程序，进行加（减）1 的操作，通过 P0 口的 LED 进行显示。

（1）本程序充分利用了单片机内部的资源，定时器 T0、T1 的计数功能，计数脉冲分别从 T0、T1 输入，每输入一个脉冲，分别进行相应的加 1、减 1 计数，T0 加 1，T1 减 1。

（2）程序分主程序与中断子程序两部分，主程序完成计数器工作模式的设置，同时开 CPU 及计数器相应的中断标志位。每输入一个脉冲即需要产生一次中断，所以计数初值设置成#0FFH，每输入一个脉冲，计数器即产生溢出，申请计数器中断。

（3）计数器中断产生后，首先进入相应的中断矢量入口地址，T0 对应的中断矢量入口地址为 000BH，T1 对应的中断入口地址为 001BH，在中断入口地址处放置了一条控制转移类指令，LJMP、AJMP 均可以，根据具体的程序进行选择。根据转移指令的地址标号转去执行中断服务程序。

（4）在中断服务程序中，首先关闭中断，防止在处理中断程序时有更高级别的中断申请产生，同时将计数初值重新装入计数寄存器。在中断返回前，开放 T0 中断，执行中断返回指令。T1 的工作过程与 T0 完全一致。

### 3.2.5.3 实验设备及元器件

安装有单片机编辑编译软件 Keil C 以及虚拟仿真软件 Proteus 的计算机 1 台。

### 3.2.5.4 实验电路

实验电路如图 3-21 所示。

### 3.2.5.5 实验步骤

（1）用单片机 Proteus 软件绘制电路原理图。
（2）用 Keil C 软件对电路进行程序编辑编译。
（3）将生成的 HEX 格式目标文件装载入单片机芯片中进行仿真运行。

### 3.2.5.6 参考程序

```
              ORG      0000H
              AJMP     MAIN
              ORG      000BH
              AJMP     JIA
              ORG      001BH
              AJMP     JIAN
              ORG      0100H
MAIN:         MOV      R0, #00H
              MOV      TMOD, #55H
              SETB     EA
              SETB     ET1
              SETB     ET0
              MOV      TH1, #0FFH
```

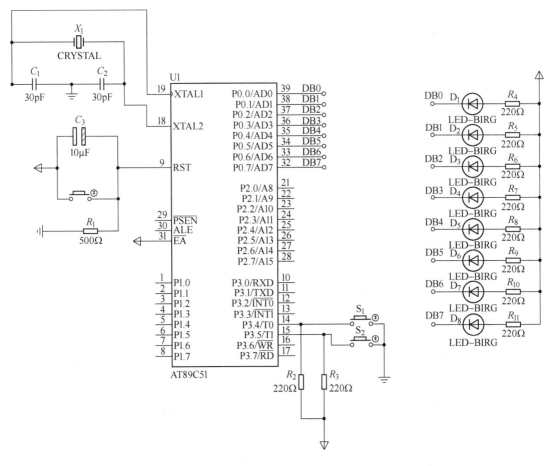

图 3-21 加（减）1 计数器软件仿真电路

|  | MOV | TL1，#0FFH |
|  | MOV | TL0，#0FFH |
|  | MOV | TH0，#0FFH |
|  | SETB | TR1 |
|  | SETB | TR0 |
| HERE： | SJMP | HERE |
| JIA： | CLR | ET1 |
|  | MOV | TH0，#0FFH |
|  | MOV | TL0，#0FFH |
|  | MOV | A，R0 |
|  | ADD | A，#01H |
|  | MOV | R0，A |
|  | CPL | A |
|  | MOV | P0，A |
|  | SETB | ET1 |
|  | RETI |  |
| JIAN： | CLR | ET0 |

```
MOV      TH1，#0FFH
MOV      TL1，#0FFH
MOV      A，R0
SUBB     A，#01H
MOV      R0，A
CPL      A
MOV      P0，A
SETB     ET0
RETI
END
```

#### 3.2.5.7　课后练习

（1）单片机中定时器、计数器有哪两种功能？当作为计数器使用时，对外部计数脉冲有何要求？

（2）在单片机中，要求T0、T1工作在计数工作模式下，TMOD寄存器应如何设置？

### 3.2.6　实验二十六　声音发生器软件仿真

#### 3.2.6.1　实验目的

（1）学习定时器的使用和编程方法。

（2）正确地使用 Proteus 和 Keil C 软件对声音发生器电路进行仿真。

#### 3.2.6.2　实验内容

单片机的最小系统，通过单片机内部的定时器资源，控制P1.3口所接的喇叭发出简单的音调。

#### 3.2.6.3　实验设备及元器件

安装有单片机编辑编译软件 Keil C 以及虚拟仿真软件 Proteus 的计算机1台。

#### 3.2.6.4　实验电路

实验电路图如图 3-22 所示。

#### 3.2.6.5　实验步骤

（1）用单片机 Proteus 软件绘制电路原理图。

（2）用 Keil C 软件对电路进行程序编辑编译。

（3）将生成的 HEX 格式目标文件装载入单片机芯片中进行仿真运行。

#### 3.2.6.6　参考程序

```
ORG      0000H
AJMP     MAIN
ORG      000BH
```

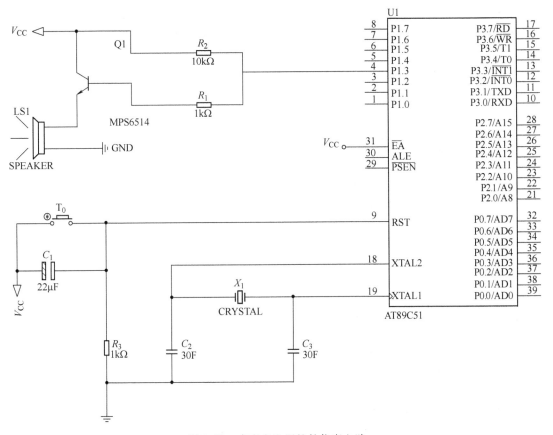

图 3-22 声音发生器软件仿真电路

```
              AJMP      TIME1
              ORG       0100H
MAIN:         MOV       TMOD, #01H
              SETB      EA
              SETB      TR0
              SETB      ET0
MAIN1:        MOV       40H, #00H
MAIN2:        MOV       A, 40H
              MOV       DPTR, #TABLE
              MOVC      A, @ A + DPTR
              AJMP      STOP
PLAY:         MOV       R1, A
              ANL       A, #0FH
              MOV       R2, A
              MOV       A, R1
              ANL       A, #0F0H
              CJNE      A, #00H, MUSIC
              CLR       TR0
              AJMP      DEL
```

```
MUSIC:      SWAP        A
            DEC         A
            MOV         22H, A
            ADD         A, 22H
            MOV         R3, A
            MOV         DPTR, #TABLE1
            MOVC        A, @A + DPTR
            MOV         TL0, A
            MOV         21H, A
            MOV         A, R3
            INC         A
            MOVC        A, @A + DPTR
            MOV         TH0, A
            MOV         20H, A
            SETB        TR0
            SETB        ET0
DEL:        LCALL       DELAY
            INC         40H
            LJMP        MAIN2
STOP:       CLR         TR0
            LJMP        MAIN1
TIME1:      PUSH        ACC
            PUSH        PSW
            CPL         P1. 3
            MOV         TL0, 20H
            MOV         TH0, 21H
            POP         PSW
            POP         ACC
            RETI
DELAY:      MOV         R7, #02H
DELAY1:     MOV         R6, #125
DELAY2:     MOV         R5, #248
DELAY3:     DJNZ        R5, DELAY3
            DJNZ        R6, DELAY2
            DJNZ        R7, DELAY1
            DJNZ        R2, DELAY
            RET
TABLE1:     DW          64524, 64580, 64684, 64777
            DW          64820, 64898, 64968, 65030, 65058
TABLE:      DB          64H, 42H, 62H, 98H
            DB          74H, 92H, 72H, 68H
            DB          64H, 22H, 32H, 44H, 32H, 22H
            DB          3CH
```

```
        DB      64H，42H，62H，94H，04H，82H
        DB      74H，94H，68H
        DB      64H，32H，42H，54H，04H，12H
        DB      3CH
        DB      74H，94H，98H
        DB      84H，72H，82H，98H
        DB      72H，82H，92H，72H，62H，42H，22H
        DB      3CH
        DB      64H，42H，62H，94H，04H，82H
        DB      74H，94H，68H
        DB      64H，32H，42H，54H，04H，12H
        DB      2CH，00H
        END
```

### 3.2.6.7 课后练习

（1）如果在乐曲程序执行后，感觉到节奏有些快，应该如何修改程序？

（2）乐曲演奏中，如果遇到休止符应如何处理？

（3）若要求设计一个用键盘来弹奏乐曲的简易电子琴，系统的硬件和软件设计将作如何改动？试说明思路。

## 3.2.7 实验二十七 静态计数数码显示软件仿真

### 3.2.7.1 实验目的

（1）掌握静态计数数码显示的控制原理。

（2）熟练使用 Proteus 和 Keil C 软件对静态计数数码显示电路进行仿真。

### 3.2.7.2 实验内容

初始化部分，定义外部中断0触发方式、设置数码管初始状态、初始化显示单元和计数单元。在主程序中不断检测计数次数和显示的数据是否一致，一致则继续循环，不一致则送显示数据显示，然后再循环。按键的计数处理部分在外部中断0处理程序中，按键 S7 按下一次，CPU 中断一次，计数一次。程序中还利用"CLR P2.5"指令使 P2.5 始终保持低电平，则控制 PNP 型三极管饱和导通，使 LED 数码管 COM 端始终接高电平，数码管静态显示。在字形译码时，采用软件查表的方式将要显示的次数转换成字形码，再由 P0口输出，经缓冲器驱动显示。

利用软件查表的方式完成显示数据和字形码之间的转换。假单片机上电，当没有按键按下时，数码管显示0，当按键 S7 按下时，数码显示按键按下的次数，次数显示范围是0~9，A（10），B（11），C（12），D（13），E（14），F（15）。

### 3.2.7.3 实验设备及元器件

安装有单片机编辑编译软件 Keil C 以及虚拟仿真软件 Proteus 的计算机1台。

### 3.2.7.4　实验电路

实验电路如图 3-23 所示。

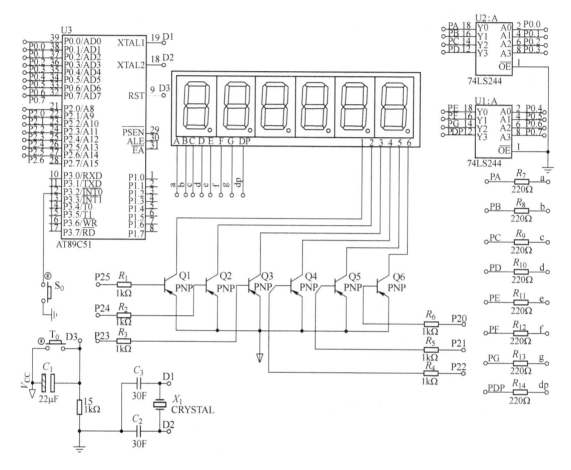

图 3-23　静态计数数码显示软件仿真电路

### 3.2.7.5　实验步骤

（1）用单片机 Proteus 软件绘制电路原理图。

（2）用 Keil C 软件对电路进行程序编辑编译。

（3）将生成的 HEX 格式目标文件装载入单片机芯片中进行仿真运行。

### 3.2.7.6　参考程序

```
           LJMP        START
           ORG         0000H
           ORG         00003H
           LJMP        INT _ COUNT
START：    CLR         EA
           CLR         P2.5
```

```
                MOV     60H, #00H
                MOV     61H, #00H
                MOV     P0, #0C0H
                SETB    IT0
                SETB    EX0
                SETB    EA
MAIN：          MOV     A, 61H
                CJNE    A, 60H, DISP
                AJMP    MAIN
DISP：          MOV     60H, A
                MOV     DPTR, #TABLE
                MOV     A, 60H
                MOVC    A, @A + DPTR
                MOV     P0, A
                LJMP    MAIN
TABLE：         DB      0C0H, 0F9H, 0A4H, 0B0H
                DB      99H, 92H, 82H, 0F8H, 80H, 90H
                DB      88H, 83H, 0C6H, 0A1H, 86H, 8EH
INT _ COUNT：   CLR     EX0
                PUSH    ACC
                INC     61H
                MOV     A, 61H
                CLR     C
                SUBB    A, #10H
                JC      INT _ END
                MOV     61H, #00H
INT _ END：     POP     ACC
                SETB    EX0
                RETI
                END
```

### 3.2.7.7  课后练习

叙述静态计数数码显示的原理及程序设计方法。

## 3.2.8  实验二十八  动态计数数码显示软件仿真

### 3.2.8.1  实验目的

（1）动态计数数码显示的控制原理。

（2）熟练使用 Proteus 和 Keil C 软件对动态计数数码显示电路进行仿真。

### 3.2.8.2  实验内容

利用 51 单片机内部定时/计数器 0 进行定时，产生时钟信号秒、分钟、小时，并分别用 2 位数码管进行显示, 即秒占用 2 位, 分钟占用 2 位, 小时占用 2 位共 6 位数码管进行显示。设置 50H ~ 55H 共 6 个字节单元存放要显示数据的字形码, 40H ~ 45H 六个字节单元存放要显示的十进制数, 56H、57H、58H 三个单元分别装二进制秒、分钟、小时数据。6 位数码管的动态显示的设计思路及编程思路同测试程序。

A  定时器 T0 的初始值计算

定义定时器 0 工作在方式 1, 中断时间为 50ms, 设定时器 T0 的初始值 $Y$, 单片机使用晶振频率为 12MHz。则 $(2^{16} - Y) 12/f_{osc} = 50ms$, 计算得 $Y = 3CB0H$。

B  二进制数转换成十进制数

二进制小时数转换成十进制数的过程为: 二进制小时数/10 = 商 + 余数

此时商即为十进制数十位上的数值, 余数为个位上的数值。二进制分钟数、秒数转换成十进制数的过程同二进制小时数转换成十进数的过程。

### 3.2.8.3  实验设备及元器件

安装有单片机编辑编译软件 Keil C 以及虚拟仿真软件 Proteus 的计算机 1 台。

### 3.2.8.4  实验电路

实验电路如图 3-24 所示。

### 3.2.8.5  实验步骤

(1) 用单片机 Proteus 软件绘制电路原理图。
(2) 用 Keil C 软件对电路进行程序编辑编译。
(3) 将生成的 HEX 格式目标文件装载入单片机芯片中进行仿真运行。

### 3.2.8.6  参考程序

```
FLAG1       BIT     38H
FLAG2       BIT     39H
FLAG3       BIT     3AH
FLAG4       BIT     3BH
FLAG5       BIT     3CH
FLAG6       BIT     3DH
LED _ CON   EQU     60H
            ORG     0000H
            LJMP    START
            LJMP    INT _ T1
            ORG     0030H
START:      MOV     TMOD, #00010000B
            MOV     TH1, #0F2H
            MOV     TL1, #0FBH
            SETB    TR1
            SETB    EA
```

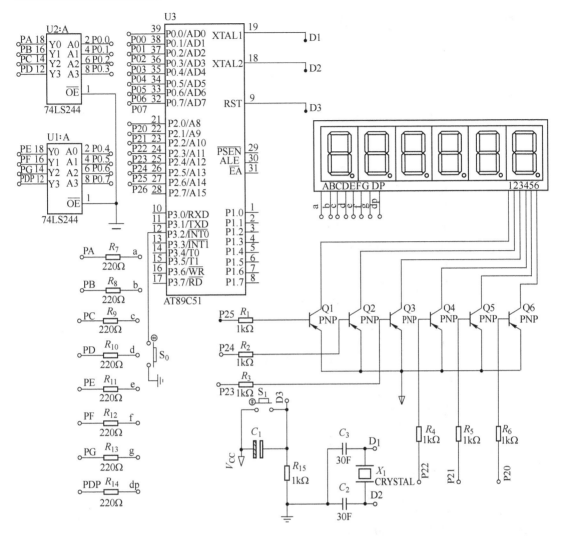

图 3-24 动态计数数码显示软件仿真电路

```
            SETB      ET1
            MOV       27H, #00000001B
MAIN：      MOV       LED_CON, #0H
            CALL      CON_DISP
            CALL      DELAY
            CALL      DELAY
            MOV       LED_CON, #0FFH
            CALL      CON_DISP
            CALL      DELAY
            CALL      DELAY
            AJMP      MAIN
CON_DISP：  MOV       R1, #6
            MOV       R0, #50H
            MOV       A, LED_CON
```

| DISP1： | MOV | @R0，A |
| | INC | R0 |
| | DJNZ | R1，DISP1 |
| | RET | |
| DELAY： | MOV | R7，#100 |
| DL1： | MOV | R6，#50 |
| DL2： | MOV | R5，#20 |
| | DJNZ | R5，$ |
| | DJNZ | R6，DL2 |
| | DJNZ | R7，DL1 |
| | RET | |
| INT_T1： | MOV | TL1，#0F2H |
| | MOV | TL1，#0FBH |
| | JB | FLAG1，INT_LED1 |
| | JB | FLAG2，INT_LED2 |
| | JB | FLAG3，INT_LED3 |
| | JB | FLAG4，INT_LED4 |
| | JB | FLAG5，INT_LED5 |
| | JB | FLAG6，INT_LED6 |
| INT_END： | RETI | |
| INT_LED1： | MOV | P0，#0FFH |
| | SETB | P2.5 |
| | MOV | P0，50H |
| | CLR | P2.0 |
| | CLR | FLAG1 |
| | SETB | FLAG2 |
| | AJMP | INT_END |
| INT_LED2： | MOV | P0，#0FFH |
| | SETB | P2.0 |
| | MOV | P0，51H |
| | CLR | P2.1 |
| | CLR | FLAG2 |
| | SETB | FLAG3 |
| | AJMP | INT_END |
| INT_LED3： | MOV | P0，#0FFH |
| | SETB | P2.1 |
| | MOV | P0，52H |
| | CLR | P2.2 |
| | CLR | FLAG3 |
| | SETB | FLAG4 |
| | AJMP | INT_END |
| INT_LED4： | MOV | P0，#0FFH |
| | SETB | P2.2 |

```
                MOV       P0，53H
                CLR       P2.3
                CLR       FLAG4
                SETB      FLAG5
                AJMP      INT＿END
INT＿LED5：      MOV       P0，#0FFH
                SETB      P2.3
                MOV       P0，54H
                CLR       P2.4
                CLR       FLAG5
                SETB      FLAG6
                AJMP      INT＿END
INT＿LED6：      MOV       P0，#0FFH
                SETB      P2.4
                MOV       P0，55H
                CLR       P2.5
                CLR       FLAG6
                SETB      FLAG1
                AJMP      INT＿END
                END
```

### 3.2.8.7　课后练习

叙述动态计数数码显示的原理及程序设计方法。

## 3.2.9　实验二十九　交通灯软件仿真

### 3.2.9.1　实验目的

（1）掌握交通信号灯控制电路的设计，理解其控制原理。

（2）熟练使用 Proteus 和 Keil C 软件对交通信号灯控制电路进行仿真。

### 3.2.9.2　实验内容

本实验是对十字路口交通信号灯的模拟控制，假设一个十字路口为东西南北方向，两个方向的指示灯各用一组红、黄、绿三种颜色的 LED 指示灯模拟，则共需 12 只 LED 指示灯，用 51 单片机的 8 位 P0 口和 P1 口的 P1.0、P1.1、P1.2、P1.3 分别进行控制。

其中，P0.0：控制十字路口西边红灯（D1）；

P0.1：控制十字路口西边黄灯（D2）；

P0.2：控制十字路口西边绿灯（D3）；

P0.3：控制十字路口北边红灯（D4）；

P0.4：控制十字路口北边黄灯（D5）；

P0.5：控制十字路口北边绿灯（D6）；

P0.6：控制十字路口东边红灯（D7）；

P0.7：控制十字路口东边黄灯（D8）；

P1.0：控制十字路口东边绿灯（D9）；

P1.1：控制十字路口南边红灯（D10）；

P1.2：控制十字路口南边黄灯（D11）；

P1.3：控制十字路口南边绿灯（D12）。

实际的交通信号灯变化规律，即交通信号灯的整个控制过程共分6种状态，假设系统上电进入的初始状态为状态1，则6种状态分别为：

状态1——东西方向红灯亮，南北方向绿灯亮，其他灯灭；过一段时间转入状态2。

状态2——东西方向红灯仍亮，南北方向绿灯闪烁，其他灯不变，过一段时间转入状态3。

状态3——东西方向红灯亮，南北方向绿灯停止闪烁，黄灯亮，其他不变，过一段时间后转入状态4。

状态4——东西方向绿灯亮，南北方向红灯亮，其他灯灭，过一段时间转入状态5。

状态5——东西方向绿灯闪烁，南北方向红灯亮，过一段时间转入状态6。

状态6——东西方向黄灯亮，绿灯、红灯灭，南北方向红灯继续亮，过一段时间转入状态1循环。

为了便于模拟控制，对其中的时间进行设置，分别为：上电进入初始状态1，状态1持续16s，16s之后进入状态2；状态2持续8s之后进入状态3；状态3又持续8s之后进入状态4；状态4持续16s之后进入状态5；状态5持续8s之后进入状态6；状态6持续8s之后进入状态1；之后循环。这中间的时间参数个数为6个，在单片机内存中设置6个字节存储单元（20H、21H、22H、23H、24H、25H），分别用来存储这6种状态中的时间参数。

该程序的执行结果是上电系统进入交通信号灯控制第一种状态：东西方向红灯亮，南北方向绿灯亮，其他信号灯全灭，接着进入状态2、状态3、状态4、状态5、状态6，循环。

### 3.2.9.3 实验设备及元器件

安装有单片机编辑编译软件 Keil C 以及虚拟仿真软件 Proteus 的计算机1台。

### 3.2.9.4 实验电路

实验电路如图3-25所示。

### 3.2.9.5 实验步骤

（1）用单片机 Proteus 软件绘制电路原理图。

（2）用 Keil C 软件对电路进行程序编辑编译。

（3）将生成的 HEX 格式目标文件装载入单片机芯片中进行仿真运行。

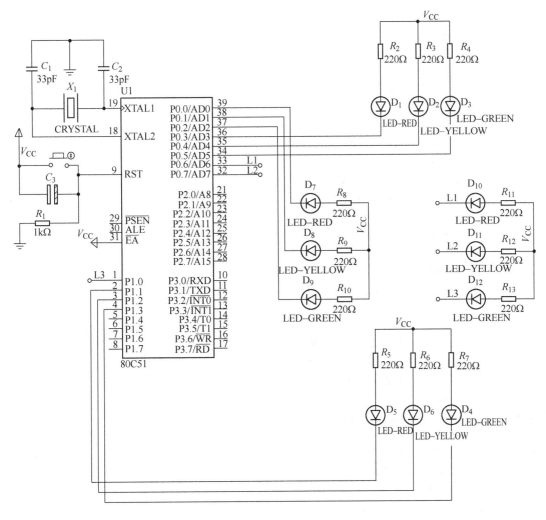

图 3-25 交通灯软件仿真电路

### 3.2.9.6 参考程序

| FLAG1 | BIT | 38H |
|---|---|---|
| FLAG2 | BIT | 39H |
| FLAG3 | BIT | 3AH |
| FLAG4 | BIT | 3BH |
| FLAG5 | BIT | 3CH |
| FLAG6 | BIT | 3DH |
| | ORG | 0000H |
| | LJMP | START |
| | ORG | 0000BH |
| | LJMP | INT _ T0 |
| | ORG | 0030H |
| START: | MOV | P0, #0FFH |
| | SETB | P1. 0 |

```
                SETB      P1. 1
                SETB      P1. 2
                SETB      P1. 3
                MOV       R1, #8
                MOV       R0, #20H
    START1:     MOV       @ R0, #00H
                INC       R0
                DJNZ      R1, START1
                SETB      FLAG1
                MOV       TMOD, #00000001B
                MOV       TH0, #00H
                MOV       TL0, #00H
                SETB      TR0
                SETB      EA
                SETB      ET0
      MAIN:     JB        FLAG1, PROG _ FLAG1
                JB        FLAG2, PROG _ FLAG2
                JB        FLAG3, PROG _ FLAG3
                JB        FLAG4, PROG _ FLAG4
                JB        FLAG5, PROG _ FLAG5
                JB        FLAG6, PROG _ FLAG6
                LJMP      MAIN
PROG _ FLAG3:   MOV       P0, #10101110B
                SETB      P1. 0
                SETB      P1. 1
                CLR       P1. 2
                SETB      P1. 3
                LJMP      MAIN
PROG _ FLAG1:   MOV       P0, #10011110B
                SETB      P1. 0
                SETB      P1. 1
                CLR       P1. 3
                SETB      P1. 2
                LJMP      MAIN
PROG _ FLAG2:   SETB      P1. 0
                SETB      P1. 1
                SETB      P1. 2
                JB        21H. 0, PROG _ FLAG21
                MOV       P0, #10111110B
                SETB      P1. 3
                LJMP      MAIN
PROG_ FLAG21:   MOV       P0, #10011110B
                CLR       P1. 3
                LJMP      MAIN
PROG _ FLAG4:   MOV       P0, #11110011B
```

```
              CLR       P1.0
              CLR       P1.1
              SETB      P1.2
              SETB      P1.3
              LJMP      MAIN
PROG_FLAG5：   CLR       P1.1
              SETB      P1.2
              SETB      P1.3
              JB        24H.0, PROG_FLAG51
              MOV       P0, #11110111B
              SETB      P1.0
              LJMP      MAIN
PROG_FLAG51：  MOV       P0, #11110011B
              CLR       P1.0
              LJMP      MAIN
PROG_FLAG6：   MOV       P0, #01110101B
              SETB      P1.0
              CLR       P1.1
              SETB      P1.2
              SETB      P1.3
              LJMP      MAIN
INT_T0：       INC       26H
              MOV       R0, 26H
              CJNE      R0, #16, INT_RET
              MOV       26H, #00H
              JB        FLAG1, INT_FLA1
              JB        FLAG2, INT_FLA2
              JB        FLAG3, INT_FLA3
              JB        FLAG4, INT_FLA4
              JB        FLAG5, INT_FLA5
              JB        FLAG6, INT_FLA6
              LJMP      INT_RET
INT_FLA1：     INC       20H
              MOV       A, 20H
              CJNE      A, #16, INT_RET
              MOV       20H, #0
              SETB      FLAG2
              CLR       FLAG1
              LJMP      INT_RET
INT_FLA2：     INC       21H
              MOV       A, 21H
              CJNE      A, #8, INT_RET
              MOV       21H, #0
              SETB      FLAG3
              CLR       FLAG2
              LJMP      INT_RET
```

```
INT_FLA3： INC     22H
          MOV     A，22H
          CJNE    A，#8，INT_RET
          MOV     22H，#0
          SETB    FLAG4
          CLR     FLAG3
          LJMP    INT_RET
INT_FLA4： INC     23H
          MOV     A，23H
          CJNE    A，#16，INT_RET
          MOV     23H，#0
          SETB    FLAG5
          CLR     FLAG4
          LJMP    INT_RET
INT_FLA5： INC     24H
          MOV     A，24H
          CJNE    A，#8，INT_RET
          MOV     24H，#0
          SETB    FLAG6
          CLR     FLAG5
          LJMP    INT_RET
INT_FLA6： INC     25H
          MOV     A，25H
          CJNE    A，#8，INT_RET
          MOV     25H，#0
          SETB    FLAG1
          CLR     FLAG6
INT_RET： RETI
          END
```

#### 3.2.9.7　课后练习

（1）在控制十字路口交通灯的同时，控制人行道上的指示灯，硬件电路及软件上应做哪些修改？

（2）如果要求在夜间 22 点至凌晨 6 点时间段内，十字路口 4 个方向均为黄灯闪烁，闪烁周期为 1s，应如何修改软件？

### 3.2.10　实验三十　双机通信软件仿真

#### 3.2.10.1　实验目的

（1）学习双机通信的控制原理。

（2）掌握单片机通信的基本方法，能够用查询与中断两种方式进行通信编程。

（3）熟练使用 Proteus 和 Keil C 软件对动态计数数码显示电路进行仿真。

#### 3.2.10.2　实验内容

用两台单片机进行双机通讯，主控制器识别到按键按下，控制从机显示 0～9 字符。

其中左机的 RXD、TXD 端口分别与右机的 TXD、RXD 端口相连，两机按共地考虑。该电路实现串行功能，使发送的数据传入接收的单片机中，反馈，使两个晶体显示管显示相同的数据。甲机循环发送数字 0 ~ F，乙机接收后返回接收值。若发送值与返回值相等，继续发送下一数字，否则重复发送当前数字。采用查询法检查收发是否完成。发送值和接收值分别显示在双方 LED 数码管上，两机的程序分别按"参考程序"中的"双机通信甲机程序"和"双机通信乙机程序"编写，然后建立两个工程文件存入同一个文件夹中，生成的两个 hex 文件分别加载在两个 80C51 单片机上，之后执行程序。

当 2 个单片机距离较近时，甲、乙两机的发送端与接收端分别直接相联，两机共地，执行程序，甲机将亮灯信号发送给乙机，若通信正常，乙机接收到信号后点亮 8 个发光二极管，乙机采用查询与中断两种工作方式。电路主频为 12MHz，通信波特率为 62.5kb/s。

### 3.2.10.3 实验设备及元器件

安装有单片机编辑编译软件 Keil C 以及虚拟仿真软件 Proteus 的计算机 1 台。

### 3.2.10.4 实验电路

实验电路如图 3-26 所示。

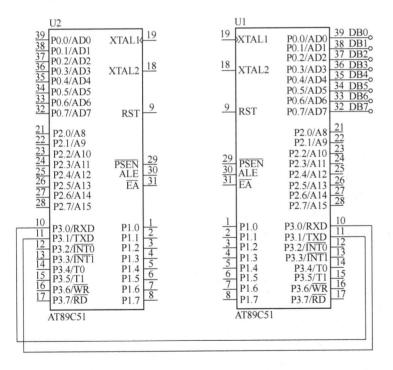
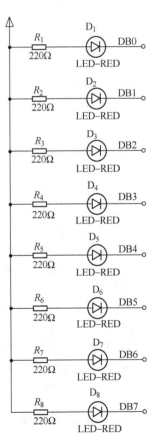

图 3-26  双机通信软件仿真电路

### 3.2.10.5 实验步骤

（1）用单片机 Proteus 软件绘制电路原理图。

（2）用 Keil C 软件对电路进行程序编辑编译。

（3）将生成的 HEX 格式目标文件装载入单片机芯片中进行仿真运行。

### 3.2.10.6 参考程序

双机通信甲机程序：

```
            ORG     0000H
STA：       MOV     TMOD，#20H
            MOV     TL1，#0FFH
            MOV     TH1，#0FFH
            SETB    TR1
            MOV     SCON，#40H
            CLR     TI
            MOV     A，#00H
            MOV     SBUF，A
WAIT：      JBC     TI，CONT
            AJMP    WAIT
CONT：      SJMP    STA
            END
```

双机通信乙机程序：

```
ORG         0000H
            MOV     TMOD，#20H
            MOV     TL1，#0FFH
            MOV     TH1，#0FFH
            SETB    TR1
            MOV     SCON，#40H
            CLR     RI
            SETB    REN
WAIT：      JBC     RI，READ
            AJMP    WAIT
READ：      MOV     A，SBUF
            MOV     P0，A
SJMP        $
            END
```

### 3.2.10.7 课后练习

（1）说明通信方式 1、方式 2、方式 3 有何不同。

（2）设频率为 6MHz，利用定时器 T1 工作于方式 2 产生 19.2kb/s 的波特率，试计算定时器初值。

### 3.2.11 实验三十一 多机通信软件仿真

#### 3.2.11.1 实验目的

(1) 学习多机通信的控制原理。
(2) 熟练使用 Proteus 和 Keil C 软件对动态计数数码显示电路进行仿真。

#### 3.2.11.2 实验内容

实际的单片机通信系统可以由多台单片机构成通信网络。由于 485 网络具有通信距离远，抗干扰能力强等优点，因而得到广泛应用。

若多机通信距离较远，主机与从机间可采用 485 接口芯片连接。本实验旨在说明多机通信的基本原理，假设主机和从机之间通信距离较短，每台单片机的 RXD、TXD 交叉连接即可。设有 1 台主机，2 台从机，主机呼叫从机，若联系成功则主机向从机发送指令，从机利用 P1 口所接发光二极管显示从机机号。主频 6MHz，波特率为 2400b/s。为易于理解，主、从机均采用查询工作方式。

#### 3.2.11.3 实验设备及元器件

安装有单片机编辑编译 Proteus 软件、单片机仿真 Keil μVision2 C51 软件的计算机 1 台。

#### 3.2.11.4 实验电路

实验电路如图 3-27 所示。

#### 3.2.11.5 实验步骤

(1) 用单片机 Proteus 软件绘制电路原理图。
(2) 用 Keil C 软件对电路进行程序编辑编译。
(3) 将生成的 HEX 格式目标文件装载入单片机芯片中进行仿真运行。

#### 3.2.11.6 参考程序

A 多机通信主机程序

```
ORG     0000H
        MOV     TMOD, #20H
        MOV     TL1, #0FAH
        MOV     TH1, #0FAH
        SETB    TR1
        MOV     SCON, #0D8H
        MOV     PCON, #00H
        CLR     TI
        CLR     EA
```

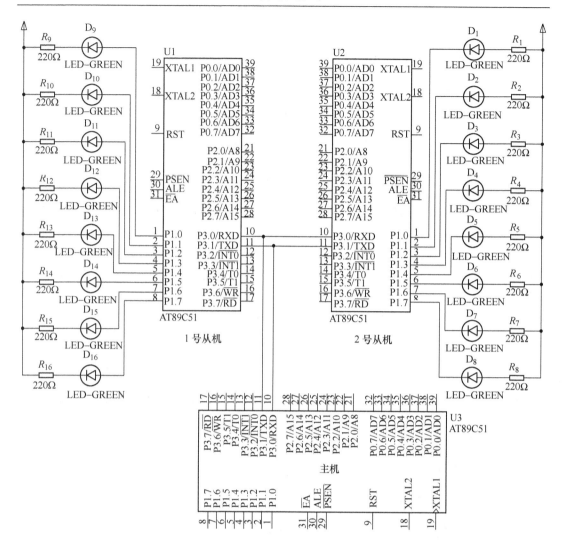

图 3-27 多机通信软件仿真电路

```
STAR1:      MOV     A, #01H
            MOV     SBUF, A
WAIT1:      JBC     T1, WAIT2
            AJMP    WAIT1
WAIT2:      JBC     RI, CONT1
            ACALL   SE19
            JBC     RI, CONT1
            AJMP    STAR2
CONT1:      MOV     A, SBUF
            XRL     A, #01H
            JZ      CONT2
            MOV     SBUF, #0FFH
            AJMP    STAR1
CONT2:      CLR     TB8
```

```
          MOV      SBUF，#01H
          SETB     TB8
WW：       JBC      TI，STAR2
          AJMP     WW
STAR2：    MOV      A，#02H
          MOV      SBUF，A
WAIT3：    JBC      RI，CONT3
          AJMP     WAIT3
WAIT4：    JBC      RI，CONT3
          ACALL    SE19
          JBC      RI，CONT3
          AJMP     JX
CONT3：    MOV      A，SBUF
          XRL      A，#02H
          JZ       CONT4
          MOV      SBUF，#0FFH
          AJMP     STAR2
CONT4：    CLR      TB8
          MOV      SBUF，#02H
NN：       JBC      TI，JX
          AJMP     NN
JX：       AJMP     STAR1
SE19：     MOV      R6，#0A0H
LO36：     MOV      R7，#0FFH
LO35：     DJNZ     R7，LO35
          DJNZ     R6，LO36
          RET
          END
```

B 1号从机程序（2号从机程序仅是机号不同，在此略）

```
          ORG      0000H
MAIN：     MOV      TMOD，#20H
          MOV      TL1，#0FAH
          MOV      TH1，#0FAH
          SETB     TR1
          MOV      SCON，#0F8H
          MOV      PCON，#00H
          CLR      EA
          CLR      RI
WAIT：     JBC      RI，JSDZ
          AJMP     WAIT
JSDZ：     MOV      A，SBUF
          XRL      A，#10H
```

```
                JNZ      WAIT
                CLR      SM2
                MOV      SBUF, #02H
WAIT1:          JBC      RI, CONT2
                AJMP     WAIT1
CONT1:          JNB      RB8, CONT2
                SETB     SM2
                A JMP    WAIT
CONT2:          MOV      A, SBUF
                CPL      A
                MOV      P1, A
                SETB     SM2
                AJMP     WAIT
                END
```

### 3.2.11.7　课后练习

（1）多机通信协议应包括哪些内容？

（2）简述多机通信原理及通信过程。

（3）试设计一个单片机的多机通信系统，并编写通信程序，将甲机内部 RAM 30H～3FH 存储区的数据通过串行口传送到乙机内部 RAM 40H～4FH 存储区中去。

## 3.2.12　实验三十二　步进电动机的软件仿真

### 3.2.12.1　实验目的

（1）学习步进电动机的控制原理。

（2）熟练使用 Proteus 和 Keil C 软件对动态计数数码显示电路进行仿真。

### 3.2.12.2　实验内容

利用单片机 P0.0、P0.1、P0.2 实现三相反应式步进电机三相绕组的通电、断电控制，从而实现步进电机转动角度或位移控制。通过硬件电路、程序及指令介绍，对单片机在工业控制当中的应用有深入的了解。

（1）步进电机控制硬件设计。

（2）步进电机控制软件设计分析。单片机程序设计的主要任务是：

1）判断步进电机转动方向；

2）控制步数；

3）按相序确定单片机每一步的输出状态；

4）按顺序输出一步一步状态。

（3）步进电机控制程序：

1）三相单三拍步进电机控制编程思路是，上电，设置电机转动方向和设置要移动的 0H 中的步数减 1，直至减到步数为 0，停止转动；

2）三相六拍步进电机控制。

### 3.2.12.3　实验设备及元器件

安装有单片机编辑编译软件 Keil C 以及虚拟仿真软件 Proteus 的计算机 1 台。

### 3.2.12.4　实验电路

实验电路如图 3-28 所示。

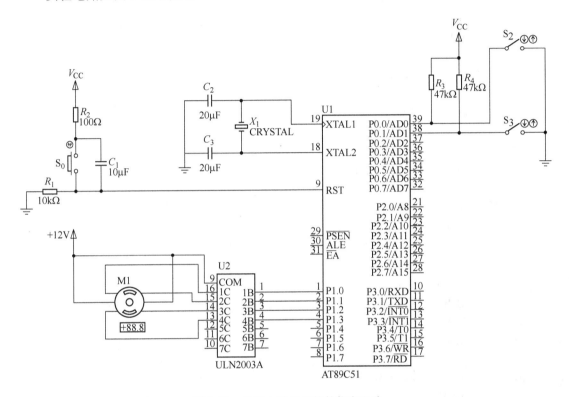

图 3-28　步进电动机的软件仿真电路

### 3.2.12.5　实验步骤

（1）用单片机 Proteus 软件绘制电路原理图。

（2）用 Keil C 软件对电路进行程序编辑编译。

（3）将生成的 HEX 格式目标文件装载入单片机芯片中进行仿真运行。

### 3.2.12.6　参考程序

```
          ACALL    DELAY
          INC      R4
          AJMP     KEY
NEG：     MOV      R4, #6
          MOV      A, R4
```

```
                MOVC      A, @ A + DPTR
                MOV       P1, A
                ACALL     DELAY
                AJMP      KEY
KEY：           MOV       P0, #03H
                MOV       A, P1
                JB        P0.0, FZ1
                CJNE      R4, #8, LOOPZ
                MOV       R4, #0
LOOPZ：         MOV       A, R4
                MOVC      A, @ A + DPTR
                MOV       P1, A
                ACALL     DELAY
                INC       R4
                AJMP      KEY
FZ1：           JB        P0.1, KEY
                CJNE      R4, #255, LOOPF
                MOV       R4, #7
LOOPF：         DEC       R4
                MOV       A, R4
                MOVC      A, @ A + DPTR
                MOV       P1, A
                ACALL     DELAY
                AJMP      KEY
DELAY：         MOV       R6, #5
DD1：           MOV       R5, #080H
DD2：           MOV       R7, #0
DD3：           DJNZ      R7, DD3
                DJNZ      R5, DD2
                DJNZ      R6, DD1
                RET
TAB1：          DB        02H, 06H, 04H, 0CH
                DB        08H, 09H, 01H, 03H
                END
```

### 3.2.12.7　课后练习

（1）如何根据步进电机的工作方式和硬件线路确定控制步进电机的控制字？

（2）试编写步进电机三相双三拍的控制程序。

# **4** 实训指导

## 4.1 项目一 单片机基础应用练习

### 4.1.1 一键多功能按键识别技术

#### 4.1.1.1 实训目的

(1) 学习单片机基本 I/O 口扩展键盘电路设计方法。
(2) 掌握一键多功能按键识别技术的原理。

#### 4.1.1.2 实训任务及功能要求

按键 SP1 接在 P3.7/RD 管脚上,在 AT89S51 单片机的 P1 端口接有 4 个发光二极管,上电的时候,L1 接在 P1.0 管脚上的发光二极管在闪烁,当每一次按下按键 SP1 的时候,L2 接在 P1.1 管脚上的发光二极管在闪烁,再按下按键 SP1 的时候,L3 接在 P1.2 管脚上的发光二极管在闪烁,再按下按键 SP1 的时候,L4 接在 P1.3 管脚上的发光二极管在闪烁,再按下按键 SP1 的时候,又轮到 L1 在闪烁了,如此轮流下去。

从上面的要求可以看出,L1 到 L4 发光二极管在每个时刻的闪烁的时间是受按键 SP1 来控制,给 L1 到 L4 闪烁的时段定义出不同的 ID 号。当 L1 在闪烁时,ID = 0;当 L2 在闪烁时,ID = 1;当 L3 在闪烁时,ID = 2;当 L4 在闪烁时,ID = 3;很显然,只要每次按下按键 SP1 时,分别给出不同的 ID 号就能够完成上面的任务了。

#### 4.1.1.3 实训设备及元器件

实训设备及元器件见表4-1(仅供参考)。

表 4-1 实验设备及元器件

| 序 号 | 元件名称 | 参 数 | 数 量 |
|---|---|---|---|
| 1 | 单片机芯片 | AT89S51 | 1 |
| 2 | 晶体振荡器/MHz | 12 | 1 |
| 3 | 瓷片电容/pF | 30 | 2 |
| 4 | 电解电容/μF | 10μF | 1 |
| 5 | 电阻/kΩ | 10 | 1 |
| 6 | 电阻/kΩ | 4.7 | 1 |
| 7 | 电阻/Ω | 220 | 4 |
| 8 | 按键 | — | 1 |
| 9 | 发光二极管 | 红色 | 4 |

#### 4.1.1.4 实训电路

实训电路如图4-1所示。

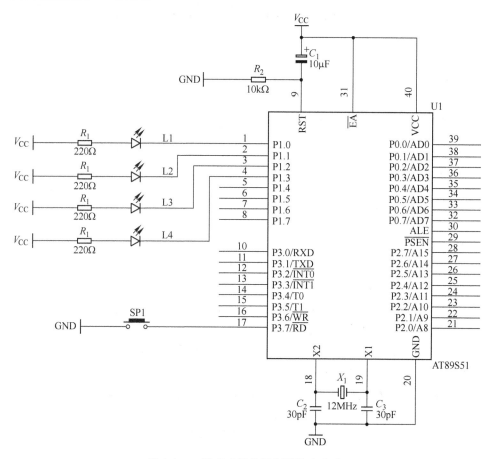

图4-1 一键多功能按键识别技术电路

#### 4.1.1.5 程序流程图

程序流程如图4-2所示。

#### 4.1.1.6 参考程序

| ID | EQU | 30H |
| K1 | BIT | P3.7 |
| L1 | BIT | P1.0 |
| L2 | BIT | P1.1 |
| L3 | BIT | P1.2 |
| L4 | BIT | P1.3 |
| | ORG | 0 |
| | MOV | ID, #00H |

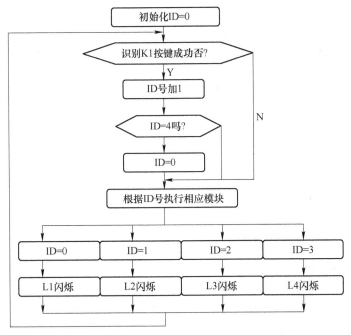

图 4-2 程序流程图

| START： | JB | K1，REL |
| --- | --- | --- |
| | LCALL | DELAY10MS |
| | JB | K1，REL |
| | INC | ID |
| | MOV | A，ID |
| | CJNE | A，#04，REL |
| | MOV | ID，#00H |
| REL： | JNB | K1，$ |
| | MOV | A，ID |
| | CJNE | A，#00H，IS0 |
| | CPL | L1 |
| | LCALL | DELAY |
| | SJMP | START |
| IS0： | CJNE | A，#01H，IS1 |
| | CPL | L2 |
| | LCALL | DELAY |
| | SJMP | START |
| IS1： | CJNE | A，#02H，IS2 |
| | CPL | L3 |
| | LCALL | DELAY |
| | SJMP | START |
| IS2： | CJNE | A，#03H，IS3 |
| | CPL | L4 |

```
                LCALL       DELAY
                SJMP        START
IS3：           LJMP        START
DELAY10MS：     MOV         R6，#20
LOOP1：         MOV         R7，#248
                DJNZ        R7，$
                DJNZ        R6，LOOP1
                RET
DELAY：         MOV         R5，#20
LOOP2：         LCALL       DELAY10MS
                DJNZ        R5，LOOP2
                RET
                END
```

### 4.1.1.7　课后训练

通过按键的 4 次按下操作，分别实现 4 支发光二极管的不同花样控制。

## 4.1.2　4×4 矩阵式键盘识别技术

### 4.1.2.1　实训目的

（1）掌握 4×4 矩阵式键盘程序识别原理。
（2）掌握 4×4 矩阵式键盘按键的设计方法。

### 4.1.2.2　实训任务及功能要求

用 AT89S51 的并行口 P3 接 4×4 矩阵键盘，以 P3.0 ~
P3.3 作输入线，以 P3.4 ~ P3.7 作输出线，在数码管上显
示每个按键的"0 ~ F"序号。对应的按键的序号排列如图
4-3 所示。

每个按键有它的行值和列值，行值和列值的组合就是
识别这个按键的编码。矩阵的行线和列线分别通过两并行
接口和 CPU 通信。每个按键的状态同样需变成数字量"0"
和"1"，开关的一端（列线）通过电阻接 $V_{CC}$，而接地是
通过程序输出数字"0"实现的。键盘处理程序的任务是：

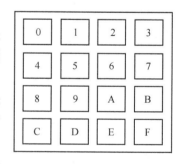

图 4-3　4×4 矩阵键盘

确定有无键按下，判断哪一个键按下，键的功能是什么；还要消除按键在闭合或断开时的
抖动。两个并行口中，一个输出扫描码，使按键逐行动态接地，另一个并行口输入按键状
态，由行扫描值和回馈信号共同形成键编码而识别按键，通过软件查表，查出该键的
功能。

### 4.1.2.3　实训设备及元器件

实训设备及元器件见表 4-2（仅供参考）。

表 4-2 实训设备及元器件

| 序 号 | 元件名称 | 参 数 | 数 量 |
|---|---|---|---|
| 1 | 单片机芯片 | AT89S51 | 1 |
| 2 | 晶体振荡器/MHz | 12 | 1 |
| 3 | 瓷片电容/pF | 30 | 2 |
| 4 | 电解电容/μF | 10 | 1 |
| 5 | 电阻/kΩ | 10 | 1 |
| 6 | 电阻/kΩ | 4.7 | 8 |
| 7 | 按键 | — | 16 |
| 8 | LED 数码显示器 | 共阴极 | 1 |

#### 4.1.2.4 实训电路

实训电路如图 4-4 所示。

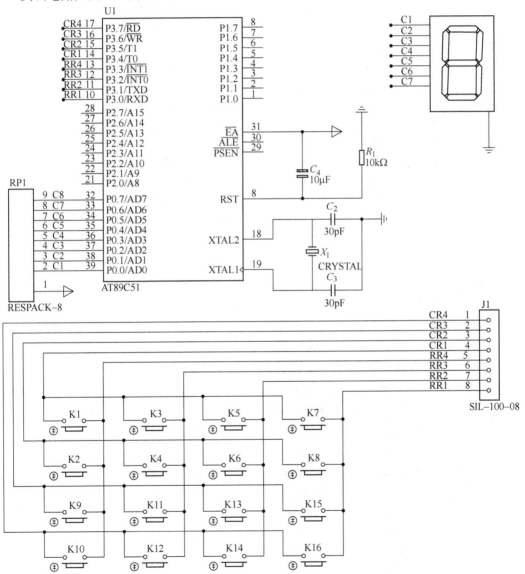

图 4-4  4×4 矩阵式键盘识别技术

### 4.1.2.5　程序流程图

程序流程如图 4-5 所示。

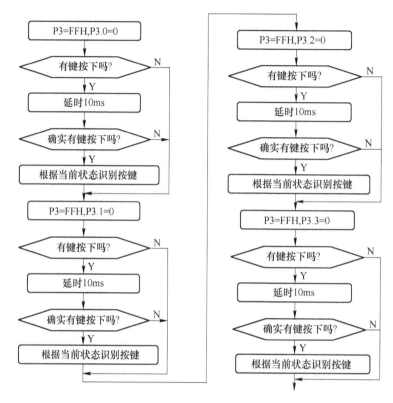

图 4-5　程序流程图

### 4.1.2.6　参考程序

| KEYBUF | EQU | 30H |
| --- | --- | --- |
| | ORG | 00H |
| START: | MOV | KEYBUF, #2 |
| WAIT: | MOV | P3, #0FFH |
| | CLR | P3.4 |
| | MOV | A, P3 |
| | ANL | A, #0FH |
| | XRL | A, #0FH |
| | JZ | NOKEY1 |
| | LCALL | DELY10MS |
| | MOV | A, P3 |
| | ANL | A, #0FH |
| | XRL | A, #0FH |
| | JZ | NOKEY1 |

|        | MOV   | A, P3           |
| ------ | ----- | --------------- |
|        | ANL   | A, #0FH         |
|        | CJNE  | A, #0EH, NK1    |
|        | MOV   | KEYBUF, #0      |
|        | LJMP  | DK1             |
| NK1:   | CJNE  | A, #0DH, NK2    |
|        | MOV   | KEYBUF, #1      |
|        | LJMP  | DK1             |
| NK2:   | CJNE  | A, #0BH, NK3    |
|        | MOV   | KEYBUF, #2      |
|        | LJMP  | DK1             |
| NK3:   | CJNE  | A, #07H, NK4    |
|        | MOV   | KEYBUF, #3      |
|        | LJMP  | DK1             |
| NK4:   | NOP   |                 |
| DK1:   | MOV   | A, KEYBUF       |
|        | MOV   | DPTR, #TABLE    |
|        | MOVC  | A, @A + DPTR    |
|        | MOV   | P0, A           |
| DK1A:  | MOV   | A, P3           |
|        | ANL   | A, #0FH         |
|        | XRL   | A, #0FH         |
|        | JNZ   | DK1A            |
| NOKEY1:| MOV   | P3, #0FFH       |
|        | CLR   | P3.5            |
|        | MOV   | A, P3           |
|        | ANL   | A, #0FH         |
|        | XRL   | A, #0FH         |
|        | JZ    | NOKEY2          |
|        | LCALL | DELY10MS        |
|        | MOV   | A, P3           |
|        | ANL   | A, #0FH         |
|        | XRL   | A, #0FH         |
|        | JZ    | NOKEY2          |
|        | MOV   | A, P3           |
|        | ANL   | A, #0FH         |
|        | CJNE  | A, #0EH, NK5    |
|        | MOV   | KEYBUF, #4      |
|        | LJMP  | DK2             |
| NK5:   | CJNE  | A, #0DH, NK6    |
|        | MOV   | KEYBUF, #5      |

|        |       |                    |
|--------|-------|--------------------|
|        | LJMP  | DK2                |
| NK6：   | CJNE  | A, #0BH, NK7       |
|        | MOV   | KEYBUF, #6         |
|        | LJMP  | DK2                |
| NK7：   | CJNE  | A, #07H, NK8       |
|        | MOV   | KEYBUF, #7         |
|        | LJMP  | DK2                |
| NK8：   | NOP   |                    |
| DK2：   | MOV   | A, KEYBUF          |
|        | MOV   | DPTR, #TABLE       |
|        | MOVC  | A, @ A + DPTR      |
|        | MOV   | P0, A              |
| DK2A： | MOV   | A, P3              |
|        | ANL   | A, #0FH            |
|        | XRL   | A, #0FH            |
|        | JNZ   | DK2A               |
| NOKEY2： | MOV   | P3, #0FFH          |
|        | CLR   | P3. 6              |
|        | MOV   | A, P3              |
|        | ANL   | A, #0FH            |
|        | XRL   | A, #0FH            |
|        | JZ    | NOKEY3             |
|        | LCALL | DELY10MS           |
|        | MOV   | A, P3              |
|        | ANL   | A, #0FH            |
|        | XRL   | A, #0FH            |
|        | JZ    | NOKEY3             |
|        | MOV   | A, P3              |
|        | ANL   | A, #0FH            |
|        | CJNE  | A, #0EH, NK9       |
|        | MOV   | KEYBUF, #8         |
|        | LJMP  | DK3                |
|        | MOV   | P3, #0FFH          |
| NK9：   | CJNE  | A, #0DH, NK10      |
|        | MOV   | KEYBUF, #9         |
|        | LJMP  | DK3                |
| NK10： | CJNE  | A, #0BH, NK11      |
|        | MOV   | KEYBUF, #10        |
|        | LJMP  | DK3                |
| NK11： | CJNE  | A, #07H, NK12      |
|        | MOV   | KEYBUF, #11        |

|        | LJMP  | DK3            |
|--------|-------|----------------|
| NK12： | NOP   |                |
| DK3：  | MOV   | A，KEYBUF      |
|        | MOV   | DPTR，#TABLE   |
|        | MOVC  | A，@A+DPTR     |
|        | MOV   | P0，A          |
| DK3A： | MOV   | A，P3          |
|        | ANL   | A，#0FH        |
|        | XRL   | A，#0FH        |
|        | JNZ   | DK3A           |
| NOKEY3：| MOV  | P3，#0FFH      |
|        | CLR   | P3.7           |
|        | MOV   | A，P3          |
|        | ANL   | A，#0FH        |
|        | XRL   | A，#0FH        |
|        | JZ    | NOKEY4         |
|        | LCALL | DELY10MS       |
|        | MOV   | A，P3          |
|        | ANL   | A，#0FH        |
|        | XRL   | A，#0FH        |
|        | JZ    | NOKEY4         |
|        | MOV   | A，P3          |
|        | ANL   | A，#0FH        |
|        | CJNE  | A，#0EH，NK13  |
|        | MOV   | KEYBUF，#12    |
|        | LJMP  | DK4            |
| NK13： | CJNE  | A，#0DH，NK14  |
|        | MOV   | KEYBUF，#13    |
|        | LJMP  | DK4            |
| NK14： | CJNE  | A，#0BH，NK15  |
|        | MOV   | KEYBUF，#14    |
|        | LJMP  | DK4            |
| NK15： | CJNE  | A，#07H，NK16  |
|        | MOV   | KEYBUF，#15    |
|        | LJMP  | DK4            |
| NK16： | NOP   |                |
| DK4：  | MOV   | A，KEYBUF      |
|        | MOV   | DPTR，#TABLE   |
|        | MOVC  | A，@A+DPTR     |
|        | MOV   | P0，A          |
| DK4A： | MOV   | A，P3          |

|            | ANL   | A, #0FH |
|------------|-------|---------|
|            | XRL   | A, #0FH |
|            | JNZ   | DK4A    |
| NOKEY4：   | LJMP  | WAIT    |
| DELY10MS： | MOV   | R6, #10 |
| D1：       | MOV   | R7, #248 |
|            | DJNZ  | R7, $   |
|            | DJNZ  | R6, D1  |
|            | RET   |         |
| TABLE：    | DB    | 3FH, 06H, 5BH, 4FH, 66H, 6DH, 7DH, 07H |
|            | DB    | 7FH, 6FH, 77H, 7CH, 39H, 5EH, 79H, 71H |
|            | END   |         |

#### 4.1.2.7　课后训练

用 8 位数码管组成显示电路提示信息，当输入密码时，只显示"8."，当密码位数输入完毕按下确认键时，对输入的密码与设定的密码进行比较。若密码正确，则门开，此处用 LED 发光二极管亮 1s 作为提示，同时发出"叮咚"声；若密码不正确，禁止按键输入 3s，同时发出"嘀、嘀"报警声；若在 3s 之内仍有按键按下，则禁止按键输入 3s 被重新禁止。

### 4.1.3　动态数码显示技术

#### 4.1.3.1　实训目的

（1）掌握多位数码动态显示的原理和编程方法。
（2）掌握查表指令 MOVC 的用法。

#### 4.1.3.2　实训任务及功能要求

P0 端口接动态数码管的字形码笔段，P2 端口接动态数码管的数位选择端，P1.7 接一个开关。当开关接高电平时，显示"12345"字样；当开关接低电平时，显示"HELLO"字样。

（1）动态扫描方法。动态接口采用各数码管循环轮流显示的方法，当循环显示频率较高时，利用人眼的暂留特性，看不出闪烁显示现象，这种显示需要一个接口完成字形码的输出（字形选择），另一接口完成各数码管的轮流点亮（数位选择）。

（2）在进行数码显示的时候，要对显示单元开辟 8 个显示缓冲区，每个显示缓冲区装有显示的不同数据即可。

（3）对于显示的字形码数据采用查表方法来完成。

#### 4.1.3.3　实训设备及元器件

实训设备及元器件见表 4-3（仅供参考）。

表 4-3  实训设备及元器件

| 序 号 | 元件名称 | 参 数 | 数 量 |
|---|---|---|---|
| 1 | 单片机芯片 | AT89S51 | 1 |
| 2 | 晶体振荡器/MHz | 12 | 1 |
| 3 | 瓷片电容/pF | 30 | 2 |
| 4 | 电解电容/μF | 10 | 1 |
| 5 | 电阻/kΩ | 10 | 1 |
| 6 | 电阻/kΩ | 4.7 | 1 |
| 7 | 按键 | — | 1 |
| 8 | 数码管 | HS-5101BS2 | 2 |

#### 4.1.3.4  实训电路

实训电路如图 4-6 所示。

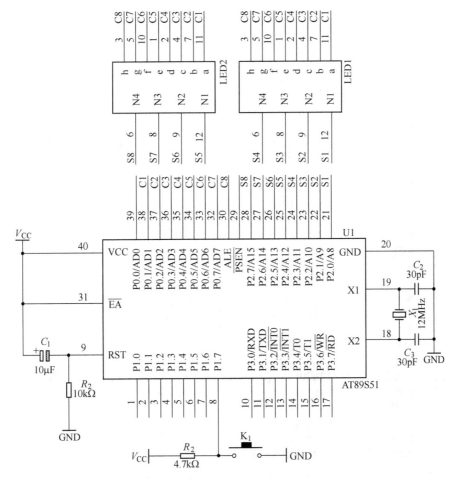

图 4-6  动态数码显示技术电路

4.1.3.5   程序流程图

程序流程如图4-7所示。

4.1.3.6   参考程序

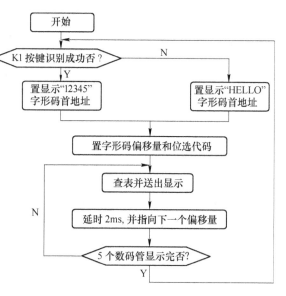

图 4-7   程序流程图

|   | ORG | 0000H |
|---|---|---|
|   | LJMP | MAIN |
|   | ORG | 0030H |
|   | MOV | P1，#00H |
| MAIN： | MOV | P2，#06H |
|   | MOV | R1，#01H |
|   | MOV | R0，#00H |
|   | MOV | A，R0 |
|   | MOV | DPTR，#TAB |
|   | MOV | R6，#255 |
| LOOP： | LCALL | DISP |
|   | MOV | R2，#06H |
|   | MOV | R1，#01H |
|   | MOV | R0，#00H |
|   | MOV | A，R0 |
|   | MOV | DPTR，#TAB |
|   | DJNZ | R6，LOOP |
|   | MOV | R2，#06H |
|   | MOV | R1，#01H |
|   | MOV | R0，#00H |
|   | MOV | A，R0 |
|   | MOV | DPTR，#TAB1 |
|   | MOV | R6，#255 |
| LOOP1： | LCALL | DISP |
|   | MOV | R2，#06H |
|   | MOV | R1，#01H |
|   | MOV | R0，#00H |
|   | MOV | A，R0 |
|   | MOV | DPTR，#TAB1 |
|   | DJNZ | R6，LOOP1 |
|   | MOV | R2，#04H |
|   | MOV | R1，#02H |
|   | MOV | R0，#00H |
|   | MOV | A，R0 |
|   | MOV | DPTR，#TAB2 |
|   | MOV | R6，#255 |
| LOOP2： | LCALL | DISP |
|   | MOV | R2，#04H |
|   | MOV | R1，#02H |
|   | MOV | R0，#00H |
|   | MOV | A，R0 |
|   | MOV | DPTR，#TAB2 |
|   | DJNZ | R6，LOOP2 |
|   | LJMP | MAIN |
| DISP： | MOV | P1，R1 |

```
          MOVC      A，@ A + DPTR
          MOV       P2，A
          LCALL     DELAY
          INC       R0
          MOV       A，R1
          RL        A
          MOV       R1，A
          MOV       A，R0
          DJNZ      R2，DISP
          RET
          LJMP      MAIN
DELAY：   MOV       R5，#200
D11：     NOP
          NOP
          NOP
          DJN2      R5，D11
          RET
TAB：     DB        0F9H，0A4H，0B0H
          DB        99H，92H
TAB1：    DB        8CH，0C7H，86H，88H，92H，86H
TAB2：    DB        90H，0A3H，0A3H，0A1H
          END
```

### 4.1.3.7 课后训练

通过动态数码显示技术，实现"abcde"5 个字符的显示。

## 4.2 项目二 单片机综合应用练习

### 4.2.1 简易秒表

#### 4.2.1.1 实训目的

（1）熟悉 LED 数码管与单片机的接口方式以及定时/计数器、中断技术的综合应用。

（2）并学会简易键盘的使用。

#### 4.2.1.2 实训任务及功能要求

（1）键盘是单片机应用系统中最常用的输入设备，用它输入数据或命令。显示器件是单片机应用系统最常见的输出设备，用它显示单片机输出的视觉信息。本实训制作的简易秒表，利用按键构成键盘实现秒表的启动、停止与复位，利用 LED 数码管显示时间。

（2）一是运用单片机实现计时；二是显示时间；三是利用按键实施对秒表的控制。

（3）可以采用单片机内部定时器 T0 或 T1 的定时时间作为时钟计时的基准，通过启动与停止定时器工作实现计时。为使问题简单，先用两个数码管动态显示时间，时间范围为 0~60s，用三个独立式按键实现秒表的启动、停止和复位功能。

（4）电路中采用 P0 口输出并联控制两个数码管的 8 个段选控制端，用 P2.0、P2.1 分别控制两个 LED 数码管的位选控制端。这是典型的动态显示电路接法，LED 采用共阳极数码管，三个按键采用独立式键盘接法，两个按键连接到外部中断 INTO、INT1 的输入引脚 P3.2 和 P3.3，第 3 个按键接到定时器 1 的外部脉冲输入引脚 P3.5。以中断方式实现键盘输入状态的扫描。

（5）在设计较复杂的程序时，要先根据设计的总体要求划分出各功能程序模块，分别确定主程序、子程序及中断服务程序结构；并对各程序模块占用的单片机资源进行统一调配，对各模块间的逻辑关系进行细化，优化程序结构，设计出各模块程序结构流程图。最后依据流程图编制具体程序。因此，这里将整个程序划分为主程序、键盘扫描程序、秒计时程序三大模块。其中主程序除完成初始化外主要由动态显示程序构成，秒计时程序由定时器中断服务子程序构成，键盘扫描程序也由中断服务子程序来实现。

定时器 T1 设为 8 位的计数方式 2，中断源 INT0、INT1 和 T1 均允许中断，各按键的处理通过相应的中断子程序来完成；2 位 LED 显示的时间由显示缓冲区 31H、30H 单元中的数据决定。动态显示每位的持续时间为 1ms，采用软件延时。1s 的定时采用定时器 T0，方式 1 来实现，每 50ms 中断一次，每中断一次计数单元 21H 内容加 1；若计满 20 次，秒计数单元 20H 内容加 1；20H 单元中的数据采用压缩 BCD 码按十进制计数，将该单元格中的数据拆成个位和十位两个十进制数据后分别送至显示缓冲区的 30H、31H 单元。

（6）软硬件联调：

1）输入源程序。

2）汇编源程序。

3）先调试主程序，实现基本的显示功能，当无键按下时，将一直显示初值"00"。然后再分别调试 4 个中断服务子程序，当按键 KE0 按下时，程序将会进入对应按键 0 的中断服务程序，启动各计时器开始计时。这时若在 CONT 中断服务子程序中设置断点，全速运行程序后将会停在断点处，表明程序运行状态正确；当按键 KE1 按下时，停止定时器工作，秒表显示内容保持不变；当按键 KE2 按下时，停止定时器工作，秒表显示清零；最后将各模块联调实现全部功能。

4）将调试好的程序固化至 89C51 芯片中，脱机运行。

至此，一个由单片机控制的秒表就制作完成了。调试过程中若出现故障，应根据故障现象分析排查，直至正确为止。

### 4.2.1.3　实训设备及元器件

实训设备及元器件见表 4-4。

**表 4-4　实训设备及元器件**

| 序　号 | 元件名称 | 参　数 | 数　量 |
| --- | --- | --- | --- |
| 1 | 单片机芯片 | 89C51 | 1 |
| 2 | 电阻/Ω | 200Ω | 2 |
| 3 | 晶体振荡器/MHz | 12 或 6 | 1 |
| 4 | 瓷片电容/pF | 20 | 2 |
| 5 | 数码管 | HS-5101BS2 | 2 |
| 6 | 按键 | — | 3 |
| 7 | 电阻/kΩ | 1 | 3 |
| 8 | 电阻/Ω | 470 | 1 |
| 9 | 电解电容/μF | 22 | 1 |

#### 4.2.1.4 实训电路

实训电路及程序流程分别如图4-8、图4-9所示。

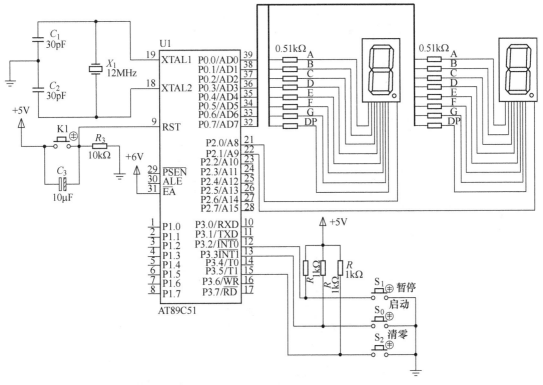

图4-8 简易秒表电路

#### 4.2.1.5 参考程序

```
;******************秒表程序******************
;程序名：秒表程序PM2_1_1.asm
;程序功能：秒表启动、显示、暂停和清零功能
SEC         EQU         20H
MSEC        EQU         21H
            ORG         0000H
            AJMP        MAIN
            ORG         0003H
            AJMP        KE1                 ；转定时器暂停程序
            ORG         000BH
            AJMP        CONT                ；转秒值刷新暂停程序
            ORG         0013H
            AJMP        KE0                 ；转定时器启动程序
            ORG         001BH
            AJMP        KE2                 ；转秒表清零程序
MAIN：      MOV         TMOD，#61H          ；T0方式1定时，T1方式2计数
            MOV         TH0，#3CH           ；T0初值
            MOV         TL0，#0B0H
            MOV         TH1，#0FFH          ；T1初值
```

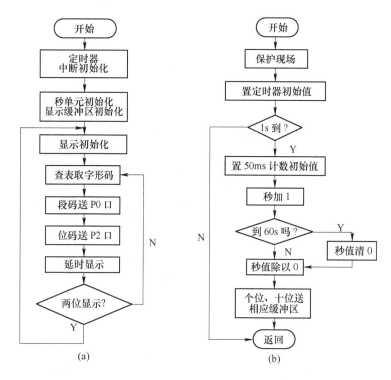

图 4-9　程序流程图

（a）主程序流程图；（b）定时器中断程序流程图

|  | MOV | TL1，#0FFH |  |
|---|---|---|---|
|  | MOV | SEC，#00H | ；秒计数单元初值 |
|  | MOV | MSEC，#14H | ；50ms 计数单元初值 |
|  | MOV | SP，#3FH | ；堆栈指针初值 |
|  | MOV | 30H，#00H | ；显示缓冲单元清零 |
|  | MOV | 31H，#00H |  |
|  | MOV | IE，#8FH | ；允许中断 |
| AGIN： | LCALL | DISP |  |
|  | SJMP | AGIN |  |
| DISP： | MOV | R2，#02H | ；LED 显示位数送 R2 |
|  | MOV | R1，#00H | ；设定显示数值 |
|  | MOV | R4，#02H | ；从最右端 LED 开始显示 |
|  | MOV | R0，#30H | ；显示缓冲区首地址送 R0 |
|  | MOV | A，@R0 | ；秒显示内容送 A |
|  | MOV | DPTR，#TAB | ；字形表首址 |
| DISP1： | MOVC | A，@A+DPTR | ；查表取字形码 |
|  | MOV | P0，A | ；字形码送 P0 口 |
|  | MOV | A，R4 | ；取位选控制字 |
|  | MOV | P2，A | ；送 P2 口 |
|  | LCALL | DELAY |  |
|  | RR | A | ；位选移位 |
|  | MOV | R4，A | ；保存位选控制字 |
|  | INC | R0 | ；取下一位缓冲区显示数据 |
|  | MOV | A，@R0 |  |
|  | DJNZ | R2，DISP1 | ；位扫描次数判断 |
|  | RET |  |  |

| | | | |
|---|---|---|---|
| TAB: | DB | 0C0H, 0F9H, 0A4H, 0B0H, 99H | ; 共阳极 LED 显示字形表 |
| | DB | 92H, 82H, 0F8H, 80H, 90H | |
| KE0: | SETB | TR0 | ; 启动定时器 0，开始计时 |
| | SETB | TR1 | ; 启动定时器 1 |
| | RETI | | ; 中断返回 |
| KE1: | CLR | TR0 | ; 关闭定时器 T0，暂停计时 |
| | RETI | | ; 中断返回 |
| KE2: | CLR | TR0 | ; 关闭定时器 T0，暂停计时 |
| | MOV | SEC, #00H | ; 秒计数值清零 |
| | MOV | 30H, #00H | |
| | MOV | 31H, #00H | ; 秒显示缓冲区清零 |
| | RETI | | |
| CONT: | PUSH | ACC | ; 保护现场 |
| | MOV | TH0, #3CH | ; 重置定时器 T1 初值 |
| | MOV | TL0, #0B0H | |
| | DJNZ | MSEC, EXIT | ; 判断 1s 到否 |
| | MOV | MSEC, #14H | ; 到 1s，重置 50ms 计数初值 |
| | INC | SEC | ; 秒单元计数值加 1 |
| | CJNE | R1, #60, CHAI | ; 判断 60s 到否 |
| | MOV | SEC, #00 | ; 秒计数单元清 0 |
| CHAI: | MOV | A, SEC | ; 秒计数单元内容拆分 |
| | MOV | B, #10 | |
| | DIV | AB | |
| | MOV | 31H, A | ; 十位送显示缓冲区 31H |
| | MOV | 30H, B | ; 个位送显示缓冲区 30H |
| EXIT: | POP | ACC | ; 恢复现场 |
| | RETI | | ; 中断返回 |
| DELAY: | MOV | R7, #2O | |
| DEL: | MOV | R6, #200 | |
| | DJNZ | R6, $ | |
| | DJNZ | R7, DEL | |
| | RET | | |
| | END | | |

### 4.2.1.6 课后训练

实用秒表设计：

要记录 100m 跨栏 12:88s 的成绩则必须再增加两个数码管来显示小数位。

用 4 位 LED 数码管制作带小数显示的秒表，前两位显示整数部分，后两位显示小数部分。用三个按键分别实现秒表的启动、停止及清零功能。选择四联 LED 数码管，其硬件连接比较简单。

## 4.2.2 电子密码锁

### 4.2.2.1 实训目的

（1）熟悉单片机键盘接口和显示器接口技术。

（2）掌握独立式和矩阵式两种不同键盘结构下的程序设计思路和步骤。

### 4.2.2.2 实训任务及功能要求

（1）在一些智能门控管理系统中，需要输入正确的密码才可以开锁。基于单片机控制下的密码锁硬件电路包括三个部分：按键、数码显示和电控开锁驱动电路，三者状态的对应关系见表4-5。

表4-5　简易密码锁状态表

| 按键输入状态 | 数码显示信息 | 锁驱动状态 |
| --- | --- | --- |
| 无密码输入 | — | 锁定 |
| 与设计值相同 | P | 打开 |
| 与设计值不同 | E | 锁定 |

（2）设计一个一位简易密码锁，其基本功能如下：输入一位密码，为 0～3 之间的数字，密码输入正确显示字符"P"约 3s，并通过 P3.0 端口将锁打开，否则显示字符"E"约 3s，锁继续保持锁定状态，等待密码的再次输入。

（3）用单片机构建控制电路：用一位数码管即可显示，采用静态连接方式。4 个数字键通过 P0 口的低 4 位 P0.0～P0.3 来连接，设 P0.0 表示 0 数字键、P0.1 表示 1 数字键、P0.2 表示 2 数字键、P0.3 表示 3 数字键。锁的开、关电路用 P3.0 控制一个发光二极管替代，发光二极管亮表示锁打开，灭表示锁定。

（4）编写程序程序设计的思路为：主程序主要负责按键输入密码比较、正确与错误显示处理。设初始显示符号为"—"。当按数字键后，若与预先设定的密码相同则显示"P"3s，打开锁，等待下一次密码输入。否则显示"E"3s，保持锁定状态并等待下一次密码输入。

（5）独立式按键接法中，每个按键都单独占用一根 I/O 口线，在前面的实训中已经采用，其优点是软件结构简单，适用于按键数目比较少的应用场合，按键较多时就不适用了。

（6）P0 口外界的上拉电阻是保证按键断开时，I/O 端口为高电平。因此按键输入为低电平有效。当 I/O 口线内部有上拉电阻时，外电路可不接上拉电阻。

（7）软件去抖的编程思路为：在检测到有键按下时，先执行 10ms 的延时程序，然后再重新检测该键是否仍然按下，以确认该键按下不是因抖动引起。同理，在检测到该键释放时，也采用先延时再判断的方法消除抖动的影响。

（8）在矩形式键盘中，行、列线分别连接到按键开关的两端，行线通过上拉电阻接 +5V。当无键按下时，行线始终处于高电平状态；当有键按下时，与该键两端相连的行与列线被接通，此时，行线的电平状态将由与之相连的列线电平状态来决定，这是识别按键是否按下的关键。

### 4.2.2.3　实训设备及元器件

实训设备及元器件见表4-6（仅供参考）。

表4-6　实训设备及元器件

| 序　号 | 元件名称 | 参　数 | 数　量 |
| --- | --- | --- | --- |
| 1 | 单片机芯片 | AT89C51 | 1 |
| 2 | 晶体振荡器/MHz | 12 | 1 |
| 3 | 瓷片电容/pF | 30 | 2 |

续表 4-6

| 序 号 | 元件名称 | 参 数 | 数 量 |
|---|---|---|---|
| 4 | LED 数码管 | HS-5101BS2 | 1 |
| 5 | 电源 | 直流 +5V | 1 |
| 6 | 电阻/kΩ | 10 | 2 |
| 7 | 电解电容/μF | 22 | 1 |
| 8 | 按钮开关 | | 5 |
| 9 | 电阻 | 1kΩ/510Ω | 4/2 |
| 10 | 插座 | DIP40 | 1 |

#### 4.2.2.4 实训电路

实训电路如图 4-10 所示。

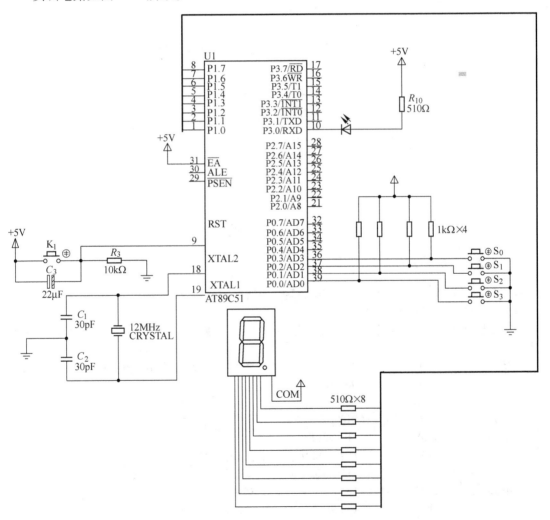

图 4-10 电子密码锁电路图

#### 4.2.2.5　程序流程图

程序流程如图 4-11 所示。

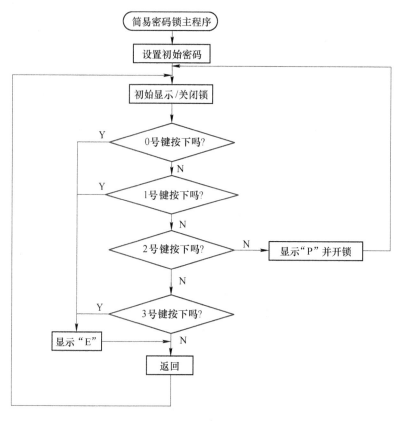

图 4-11　程序流程图

#### 4.2.2.6　参考程序

```
; ********************** 简易密码锁控制程序 **********************
; 程序名：简易密码锁 PM2 _ 2 _ 1. asm
; 程序功能：判断一位输入密码，若密码正确则显示"P"并开锁，否则显示"E"，密码锁继续保持关
  闭状态
PSD        EQU        21H              ; 密码单元地址，设初始密码为 2
           ORG        0000H
           AJMP       MAIN
           ORG        0100H
MAIN：      MOV        SP, #3FH
           MOV        P0, #0FFH        ; 准备输入数据
           MOV        PSD, #02         ; 预设密码为 2
MAIN1：     SETB       P3.0             ; 锁关闭
           MOV        P1, #0BFH        ; 设置显示初始符号"—"
; ********************** 按键输入号码比较 **********************
KEY：       MOV        A, P0            ; 读取 P0 口状态
```

| KEY0: | JB | ACC.0，KEY1 | ；若 ACC.0 = P0.0 = 1，表示无键输入，继续检测 |
| | LJMP | ERR | ；下一个按键；否则密码错误转 ERR 处理 |
| KEY1: | JB | ACC.1，KEY2 | |
| | LJMP | ERR | |
| KEY2: | JB | ACC.2，KEY3 | |
| | LJMP | PASS | ；2 数字键按下，密码正确转 PASS 处理 |
| KEY3: | JB | ACC.3，KEY | |

; ＊＊＊＊＊＊＊＊＊＊＊＊＊＊＊ 密码错误处理 ＊＊＊＊＊＊＊＊＊＊＊＊＊＊＊＊＊＊＊

| ERR: | SETB | P3.0 | ；密码不正确，锁继续关闭 |
| | MOV | P1，#86H | ；显示 "E" |
| | LCALL | DELAY1S | ；延时 3s |
| | LCALL | DELAY1S | |
| | LCALL | DELAY1S | |
| | LJMP | MAIN1 | |

; ＊＊＊＊＊＊＊＊＊＊＊＊＊＊＊ 密码正确处理 ＊＊＊＊＊＊＊＊＊＊＊＊＊＊＊＊＊＊＊

| PASS: | CLR | P3.0 | |
| | MOV | P1，#8CH | ；密码正确，显示 "P" |
| | LCALL | DELAY1S | ；延时 3s |
| | LCALL | DELAY1S | |
| | LCALL | DELAY1S | |
| | LJMP | MAIN1 | |

; ＊＊＊＊＊＊＊＊＊＊＊＊＊＊ 延时 1s 子程序 DELAY1S ＊＊＊＊＊＊＊＊＊＊＊＊＊

| DELAY1S: | MOV | R7，#100 | |
| DL1: | MOV | R6， | #50 |
| DL2: | MOV | R5， | #20 |
| | DJNZ | R5，$ | |
| | DJNZ | R6，DL2 | |
| | DJNZ | R7，DL1 | |
| | RET | | |
| | END | | |

#### 4.2.2.7 课后训练

设计一个实用密码锁。要求：密码位数为 4 位，并用 4 位 LED 显示输入的密码。

### 4.2.3 简易数字电压表

#### 4.2.3.1 实训目的

(1) 学会 A/D 转换芯片在单片机应用系统中的硬件接口技术与编程方法。
(2) 熟悉模拟信号采集和输出数据显示的综合设计与调试方法。

#### 4.2.3.2 实训任务及功能要求

(1) 数字电压表是数字式仪表不可少的组成部分，数字万用表中就用到了能显示多位数字的电压表。本实验设计一个两位数字电压表，分辨率为 0.1V，量程为 0 ~ 5V。

（2）将单片机输出的数字信号转换为模拟信号，用到 D/A 转换器，这里是要将输入给单片机的模拟信号转换为单片机能够识别的数字信号，因此在输入信号与单片机之间要连接一个 A/D 转换器。输入信号变成数字信号后单片机只需将它读出并用数码管显示出来即可。任务中对分辨率与量程的要求不高，显示部分只需两个数码管。考虑到通用性，A/D 转换芯片采用 ADC0809，该芯片可以将模拟信号转换为 8 位数字信号。

（3）电路中，模拟信号从 ADC0809 INC（26）口输入，采用 P1 口读取 A/D 转换数据，两位数码管采用动态显示方式连接。用 P2 口控制显示段码，P0.6 和 P0.7 分别控制个、十位选端。0~5V 电压输入可以采用电位器来实现。

（4）熟悉器件：若要完成单片机 ADC0809 芯片间的正确接线与编程，必须对芯片的功能及使用方法有所了解。

ADC0809 芯片功能：八通道模/数转换器，可以和单片机直接接口，将 IN0~IN7 中任意一个通道输入的模拟电压转换为 8 位二进制数，在时钟为 500kHz 时，一次变换时间约为 100μs。

（5）编写应用程序：应用程序应具有三个主要功能，一是通过单片机与 A/D 转换接口取转换结果，二是对读取的数据进行转换处理，三是显示读取的电压值。

（6）分析单片机与 A/D 转换器接口程序设计任务：

1）启动 A/D 转换，在单片机 P0.2 端提供上升沿，经反相后 START 引脚得到下降沿。

2）查询 EOC 引脚状态，EOC 引脚由 0 变 1，表示 A/D 转换过程结束。

3）允许读数，将 OE 引脚置为 1 状态。

4）读取 A/D 转换结果，从单片机的 P1 口读取。

（7）分析数据处理程序设计任务：首先要有一个数据转换的过程，将累加器 A 中 00H~FFH 数据显示成 0.0~5.0 的字符形式。可调用双字无符号数乘法子程序，将读取的二进制数扩大 10 倍，再将其除以 51 得到 51 等份，每一份为 0.1V，经过十进制调整后，就得到 0.0~5.0V 的显示数据了。

分析显示程序设计任务：采用动态显示方式，根据显示缓冲区 40H、41H 单元的内容，用两个 LED 显示 0.0~5.0 数字。

（8）软硬件联调：

1）输入源程序。

2）汇编源程序。

3）运行源程序，观察初始显示状态是否正确。

4）当改变输入被测电压时，显示是否跟随变化；万用表测量一下实际电压并与显示电压值对照，如果有很大的误差，分析可能产生误差的原因。

4.2.3.3　实训设备及元器件

实训设备及元器件见表 4-7（仅供参考）。

表 4-7　实训设备及元器件

| 序　号 | 元件名称 | 参　数 | 数　量 |
| --- | --- | --- | --- |
| 1 | 单片机芯片 | 89C51 | 1 |
| 2 | IC 插座 | DIP14 | 1 |
| 3 | 晶体振荡器/MHz | 12 | 1 |

| 序 号 | 元件名称 | 参 数 | 数 量 |
|---|---|---|---|
| 4 | 瓷片电容/pF | 30 | 2 |
| 5 | 七段 LED | — | 2 |
| 7 | 电阻/kΩ | 10 | 2 |
| 8 | 电阻/kΩ | 5（可调） | 1 |
| 9 | 数模转换 | ADC0809 | 1 |
| 10 | 双 D 触发器 | 74LS74 | 1 |
| 11 | IC 插座 | DIP14 | 1 |
| 12 | 或非门 | 74LS02 | 1 |

#### 4.2.3.4 实训电路

实训电路如图4-12所示。

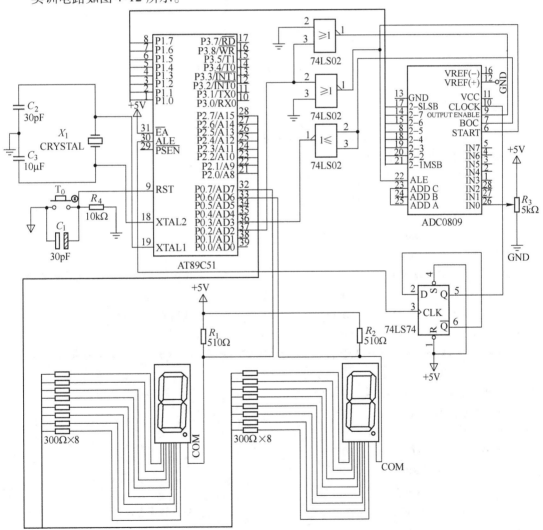

图4-12 简易数字电压表电路

#### 4.2.3.5　程序流程图

程序流程如图 4-13 所示。

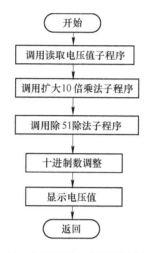

图 4-13　数据转换与显示程序流程图

#### 4.2.3.6　参考程序

```
;  * * * * * * * * * * * * * * * * * * * 数字电压表程序 * * * * * * * * * * * * * * * * * * * * * * *
; 程序名：数字电压表程序 PM2 _ 4 _ 1. asm
; 程序功能：显示 0. 0 ~ 5. 0V 测量电压值，分辨率 0. 1V
                ORG         0000H
                AJMP        MAIN
                ORG         0030H
MAIN：          MOV         SP, #60H
LP：            LCALL       ADCON           ; 调用取 A/D 转换电压数字子程序
                LCALL       HE              ; 调用数据处理子程序
                LCALL       DISP1           ; 调用显示子程序
                AJMP        LP
;  * * * * * * * * * * * * * * * * A/D 转换了程序 ADCON * * * * * * * * * * * * * * * * * * * * * * * *
; 子程序：ADCON
; 功能：读取 A/D 转换电压值
; 入口参数：无
; 出口参数：A
ADCON：         SETB        P0. 2
                NOP
                NOP
                CLR         P0. 2           ; A/D 转换器清 0
                NOP
                NOP
```

| SETB | P0.2 | ; A/D 转换启动 |
|------|------|------|
| JB | P0.3, $ | ; 查询转换结束否? |
| CLR | P0.2 | ; 允许读取转换结果 |
| NOP | | |
| NOP | | |
| MOV | A, #0FFH | |
| MOV | A, P1 | ; 从 P1 口读取转换数据 |
| RET | | |

; **************** 显示数据处理子程序 HE ********************

; 子程序名: HE

; 功能: 将 A 中的数据转换成 0.0~5.0 之间的十位进制

; 出口参数: 显示数据存放在 40H、41H 单元中, 40H 单元存放整数, 41H 单元存放小数

| HE: | MOV | R2, #00H | |
|-----|------|----------|---|
| | MOV | R3, A | |
| | MOV | R6, #00H | |
| | MOV | R7, #0AH | |
| | LCALL | MULD | |
| | MOV | R6, #00H | |
| | MOV | R7, #33H | ; 把 51 送到 R7 |
| | LCALL | DIVD | |
| | MOV | A, R3 | |
| | LCALL | HBCD | |
| | MOV | 41H, A | |
| | ANL | 41H, #0FH | ; 把个位的数送到 40H 单元 |
| | SWAP | A | |
| | ANL | A, #0FH | |
| | MOV | 40H, A | ; 把十位的数送到 40H 单元 |
| | RET | | |

; **************** 双字节乘法子程序 MULD ********************

; 子程序名: MULD

; 功能: 双字节二进制无符号数乘法

; 入口参数: 被乘数在 R2、R3 中, 乘数在 R6、R7 中

; 出口参数: 乘积在 R2、R3、R4、R5 中

| MULD: | MOV | A, R3 | ; 计算 R3 乘 R7 |
|-------|------|-------|---|
| | MOV | B, R7 | |
| | MUL | AB | |
| | MOV | R4, B | ; 暂存部分积 |
| | MOV | R5, A | |
| | MOV | A, R3 | ; 计算 R3 乘 R6 |
| | MOV | B, R6 | |
| | MUL | AB | |
| | ADD | A, R4 | ; 累加部分积 |
| | MOV | R4, A | |

```
        CLR     A
        ADDC    A, B
        MOV     R3, A
        MOV     A, R2              ; 计算 R2 乘 R7
        MOV     B, R7
        MUL     AB
        ADD     A, R4              ; 累加部分积
        MOV     R4, A
        MOV     A, R3
        ADDC    A, B
        MOV     R3, A
        CLR     A
        RLC     A
        XCH     A, R2              ; 计算 R2 乘 R6
        MOV     B, R6
        MUL     AB
        ADD     A, R3              ; 累加部分积
        MOV     R3, A
        MOV     A, R2
        ADDC    A, B
        MOV     R2, A
        RET
```

; ******************** 双字节除法子程序 DIVD ********************/
; 子程序名：DIVD
; 功能：双字节二进制无符号数除法
; 入口参数：被除数在 R2、R3、R4、R5 中，除数在 R6、R7 中
; 出口参数：0V = 0 时，双字节商在 R2、R3 中，0V = 1 时表示溢出

```
DIVD：   CLR     C                          ; 比较被除数和除数
        MOV     A, R3
        SUBB    A, R7
        MOV     A, R2
        SUBB    A, R6
        JC      DVD1
        SETB    OV                         ; 溢出
        RET
DVD1：   MOV     B, #10H                    ; 计算双字节商
DVD2：   CLR     C                          ; 部分商和余数同时左移一位
        MOV     A, R5
        RLC     A
        MOV     R5, A
        MOV     A, R4
        RLC     A
        MOV     R4, A
```

```
                MOV         A, R3
                RLC         A
                MOV         R3, A
                XCH         A, R2
                RLC         A
                XCH         A, R2
                MOV         F0, C                   ; 保存溢出位
                CLR         C
                SUBB        A, R7                   ; 计算（R2R3-R6R7）
                MOV         R1, A
                MOV         A, R2
                SUBB        A, R6
                ANL         C, /F0                  ; 结果判断
                JC          DVD3
                MOV         R2, A                   ; 存放新的余数
                MOV         A, R1
                MOV         R3, A
                INC         R5
DVD3:           DJNZ        B, DVD2                 ; 计算完十六位商否?
                MOV         A, R4                   ; 将商移至 R2R3 中
                MOV         R2, A
                MOV         A, R5
                MOV         R3, A
                CLR         OV
                RET
```

; **************** 将十六位进制数转换成 BCD 码子程序 HBCD **************************
; 子程序名：HBCD
; 功能：将单字节十六进制整数转换成单字节 BCD 码整数
; 入口参数：单字节十六进制整数在累加器 A 中
; 出口参数：转换后的 BCD 码十位和个位整数存在累加器 A 中，百位存在 R3 中

```
HBCD:           MOV         B, #100                 ; 分离出百位，存放在 R3 中
                DIV         AB
                MOV         R3, A
                MOV         A, #10                  ; 余数分离为十位和个位
                XCH         A, B
                DIV         AB
                SWAP        A
                ORL         A, B                    ; 将十位和个位拼成压缩 BCD 码
                RET
```

; ************************** LED 动态显示子程序 DISP1 **************************
; 子程序名：DISP1

; 功能: 用两位 LED 显示 0.0 ~ 5.0 数字

; 入口参数: 40H、41H

| | | | |
|---|---|---|---|
| DISP1: | MOV | DPTR, #TAB | ; 设置不含小数点显示字符表首地址 |
| | MOV | A, 41H | |
| | MOVC | A, @ A + DPTR | ; 取显示字符 |
| | SETB | P0. 7 | ; 屏蔽十位显示 |
| | CLR | P0. 6 | ; 选择个位显示 |
| | MOV | P2, A | ; 送个位显示字符 |
| | LCALL | DELAY | |
| | LCALL | DELAY | |
| | MOV | DPTR, #EVER | |
| | MOV | A, 40H | |
| | MOVC | A, @ A + DPTR | |
| | SETB | P0. 6 | |
| | CLR | P0. 7 | |
| | MOV | P2, A | |
| | LCALL | DELAY | |
| | LCALL | DELAY | |
| | RET | | |
| TAB: | DB | 0C0H, 0F9H, 0A4H, 0B0H, 99H, 92H | |
| | DB | 82H, 0F8H, 80H, 90H | |
| EVER: | DB | 040H, 079H, 024H, 030H, 19H | |
| | DB | 12H, 02H, 078H, 00H, 10H | |
| DELAY: | MOV | R6, #10 | |
| DEL2: | MOV | R7, #250 | |
| DEL1: | NOP | | |
| | NOP | | |
| | DJNZ | R7, DEL1 | |
| | DJNZ | R6, DEL2 | |
| | RET | | |
| | END | | |

#### 4.2.3.7 课后训练

在完成 0.0 ~ 5.0V 简易电压表的基础上, 做一个分辨率为 0.01V 的电压表或制作一个最大量程为 12V 的电压表。思考硬件和软件应做何改动。

### 4.2.4 秒/时钟计时器

#### 4.2.4.1 实训目的

(1) 要求用六位 LED 数码管显示时、分、秒, 采用 24h (小时) 计时方式。

(2) 使用按键开关可实现时分调整、秒表/时钟功能转换、省电 (关闭显示) 等功能。

### 4.2.4.2 实训任务及功能要求

**A 方案论证**

采用动态扫描法实现 LED 的显示。单片机采用易购的 AT89C52 系列。

**B 系统硬件电路的设计**

秒/时钟计时器的硬件电路如图 4-14 所示，采用 AT89C52 单片机，最小化应用设计；采用共阳七段 LED 显示器，P0 口输出段码数据，P2.0 ~ P2.5 口作列扫描输出，P1.0、P1.1、P1.2 口接三个按钮开关，用以调时及功能设置。为了提供共阳 LED 数码管的驱动电压，用三极管 8550 作电源驱动输出。采用 12MHz 晶振，有利于提高秒计时的精确性。

**C 系统程序的设计**

**a 主程序**

本设计中，计时采用定时器 T0 中断完成，其余状态循环调用显示子程序，当端口开关按下时，转入相应功能程序。其主程序执行流程如图 4-15（a）所示。

**b 显示子程序**

数码管显示的数据存放在内存单元 70H ~ 75H 中。其实 70H ~ 71H 存放秒数据，72H ~ 73H 存放分数据，74H ~ 75H 存放时数据，每一地址单元内均为十进制 BCD 码。由于采用软件动态扫描实现数据显示功能，显示用十进制 BCD 码数据的对应段码存放在 ROM 表中。显示时，先取出 70H ~ 75H 某一地址中的数据，然后查得对应的显示用段码，并从 P0 口输出，P2 口将对应的数码管选中供电，就能显示该地址单元的数据值。为了显示小数点及"一"、"A"等特殊字符，在显示班级及计时时采用不同的显示子程序。

**c 定时器 T0 中断服务程序**

定时器 T0 用于时间计时。定时溢出中断周期可分别设为 50ms 和 10ms。中断进入后，先判断是时钟计时还是秒表计时，时钟计时累计中断 2 次（即 1s）时，对秒计数单元进行加 1 操作，秒表计时每 10ms 进行加 1 操作。时钟计数单元地址分别在 70H ~ 71H（s）、76H ~ 77H（min）和 78H ~ 79H（h），最大计时值为 23h59min59s。而秒表计数单元地址也在 70H ~ 71H（ms）、76H ~ 77H（s）和 78H ~ 79H（min），最大计时值为 99min59.99s。7AH 单元内存放"熄灭符"数据（#0AH）。在计数单元中采用十进制 BCD 码计数，满 60（秒表功能时有 100）进位，T0 中断服务程序执行流程如图 4-15（b）所示。

**d T1 中断服务程序**

T1 中断服务程序同于指示调整单元数字的亮闪。在时间调整状态下，每过 0.3s，将对应单元的显示数据换成"熄灭符"数据（#0AH）。这样在调整时间时，对应调整单元的显示数据会间隔闪亮。

**e 调时功能程序**

调时功能程序的设计方法是：按下 P1.0 口按键，若按下时间短于 1s，则进入省电状态（数码管不亮，时钟不停）；否则进入调分状态，等待操作，此时计时器停止走动。当再按下按钮时，若按下时间短于 0.5s，则时间加 1min；若按下时间长于 0.5s，则进入小时（小时）调整状态。在小时（小时）调整状态下，当按键按下的时间长于 0.5s 时，退出调整状态，时钟继续走动。P1.1 口按键在调时状态下可实现减 1 功能。

f　时钟/秒表功能程序

在正常计时状态下，若按下 P1.1 口按键，则进行时钟/秒表功能的转换，转换后计时从零开始。当按下 P1.2 口的按键时，可实现清 0、计时启动、暂时功能。

D　调试及性能分析

a　硬件调试

硬件调试时，叮先检查印制板及焊接的质量情况，在检查无误后，可通电检查 LED 显示器的点亮状况。若亮度不理想，可以调整 P0 口的电阻大小，一般情况下，取 200Ω 电阻即可获得满意的亮度效果。实验室制作时，可结合示波器测试晶振及 P0、P2 端口的波形情况，进行综合硬件测试分析。

b　软件调试

软件调试在 Wave E2000 编译器下进行，源程序编译及仿真调试应分段或以子程序为单位一个一个进行，最后可结合硬件实时调试。

c　性能分析

按照设计程序分析，LED 显示器动态扫描的频率约为 167Hz，实际使用观察时完全没有闪烁。由于计时中断程序中加了中断延时误差处理，所以实际计时的走时精度非常高，可满足多种场合的应用需要；另外上电时的班级、学号、制作日期滚动显示可以方便学生设计作业的区别。

4.2.4.3　实训设备及元器件

实训设备及元器件见表 4-8（仅供参考）。

表 4-8　实训设备及元器件

| 序　号 | 元件名称 | 参　数 | 数　量 |
|---|---|---|---|
| 1 | 单片机芯片 | 89C51 | 1 |
| 2 | 晶体振荡器/MHz | 12 | 1 |
| 3 | 瓷片电容/pF | 30 | 2 |
| 4 | 数码管 | HS-5101BS2 | 6 |
| 5 | 按键 | — | 4 |
| 6 | 电阻/kΩ | 10 | 4 |
| 7 | 电阻/kΩ | 4.7 | 14 |
| 8 | 电解电容/μF | 10 | 1 |
| 9 | 驱动器 | 74LS244 | 2 |
| 10 | 三极管 | PNP | 6 |

4.2.4.4　实训电路

实训电路如图 4-14 所示。

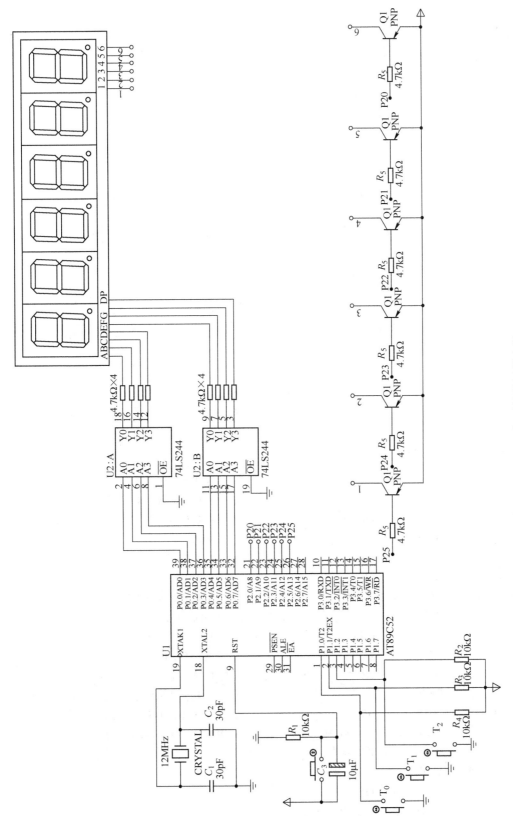

图 4-14 秒/时钟计时器电路

### 4.2.4.5　程序流程图

程序流程如图 4-15 所示。

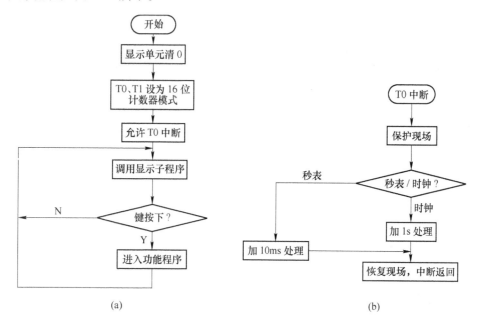

图 4-15　程序流程图
（a）主程序；（b）T0 中断服务程序

### 4.2.4.6　参考程序

| | | | |
|---|---|---|---|
| | ORG | 0000H | ；程序执行开始地址 |
| | LJMP | START | ；跳到标号 START 执行 |
| | ORG | 0003H | ；外中断 0 中断程序入口 |
| | RETI | | ；外中断 0 中断返回 |
| | ORG | 000BH | ；定时器 T0 中断程序入口 |
| | LJMP | INTT0 | ；跳至 INTT0 执行 |
| | ORG | 0013H | ；外中断 1 中断程序入口 |
| | RETI | | ；外中断 1 中断返回 |
| | ORG | 001BH | ；定时器 T1 中断程序入口 |
| | LJMP | INTT1 | ；跳至 INTT1 执行 |
| | ORG | 0023H | ；串行中断程序入口地址 |
| | RETI | | ；串行中断程序返回 |
| START： | LCALL | ST | ；上电显示年月日及班级学号 |
| | MOV | R0, #70H | ；清 70H ~ 7AH，共 11 个内存单元 |
| | MOV | R7, #0BH | |
| CLEARDISP： | MOV | @ R0, #00H | |
| | INC | R0 | |
| | DJNZ | R7, CLEARDISP | |

| | MOV | 20H，#00H | ；清20H（标志用） |
|---|---|---|---|
| | MOV | 7AH，#0AH | ；放入"熄灭符"数据 |
| | MOV | TMOD，#11H | ；设T0、T1为16位定时器 |
| | MOV | TL0，#0B0H | ；50ms定时初值（T0计时用） |
| | MOV | TH0，#3CH | ；50ms定时初值 |
| | MOV | TL1，#0B0H | ；50ms定时初值（T1闪烁定时用） |
| | MOV | TH1，#3CH | ；50ms定时初值 |
| | SETB | EA | ；总中断放开 |
| | SETB | ET0 | ；允许T0中断 |
| | SETB | TR0 | ；开启T0定时器 |
| | MOV | R4，#14H | ；1s定时用循环值（50ms×20） |
| START1： | LCALL | DISPLAY | ；调用显示子程序 |
| | JNB | P1.0，SETMM1 | ；P1.0口为0时，转时间调整程序 |
| | JNB | P1.1，FUNSS | ；秒表功能，P1.1按键调时时作减1操作 |
| | JNB | P1.2，FUNPT | |
| | SJMP | START1 | ；P1.0口为1时跳回START1 |
| SETMM1： | LJMP | SETMM | ；转到时间调整程序SETMM |
| FUNSS： | LCALL | DS20MS | |
| | JB | P1.1，START1 | |
| WAIT11： | JNB | P1.1，WAIT11 | |
| | CPL | 03H | |
| | MOV | 70H，#00H | |
| | MOV | 71H，#00H | |
| | MOV | 76H，#00H | |
| | MOV | 77H，#00H | |
| | MOV | 78H，#00H | |
| | MOV | 79H，#00H | |
| | AJMP | START1 | |
| FUNPT： | LCALL | DS20MS | |
| | JB | P1.2，START1 | |
| WAIT22： | JNB | P1.2，WAIT21 | |
| | CLR | ET0 | |
| | CLR | TR0 | |
| WAIT33： | JB | P1.2，WAIT31 | |
| | LCALL | DS20MS | |
| | JB | P1.2，WAIT33 | |
| WAIT66： | JNB | P1.2，WAIT61 | |
| | MOV | R0，#70H | ；清70H~79H，共10个内存单元 |
| | MOV | R7，#0AH | |
| CLEARP： | MOV | @R0，#00H | |
| | INC | R0 | |
| | DJNZ | R7，CLEARP | |
| WAIT44： | JB | P1.2，WAIT41 | |

|         | LCALL  | DS20MS          |                                        |
|---------|--------|-----------------|----------------------------------------|
|         | JB     | P1. 2，WAIT44    |                                        |
| WAIT55： | JNB    | P1. 2，WAIT51    |                                        |
|         | SETB   | ET0             |                                        |
|         | SETB   | TR0             |                                        |
|         | AJMP   | START1          |                                        |
| WAIT21： | LCALL  | DISPLAY         |                                        |
|         | AJMP   | WAIT22          |                                        |
| WAIT31： | LCALL  | DISPLAY         |                                        |
|         | AJMP   | WAIT33          |                                        |
| WAIT41： | LCALL  | DISPLAY         |                                        |
|         | AJMP   | WAIT44          |                                        |
| WAIT51： | LCALL  | DISPLAY         |                                        |
|         | AJMP   | WAIT55          |                                        |
| WAIT61： | LCALL  | DISPLAY         |                                        |
|         | AJMP   | WAIT66          |                                        |
| INTT0： | PUSH   | ACC             | ；累加器入栈保护                       |
|         | PUSH   | PSW             | ；状态字入栈保护                       |
|         | CLR    | ET0             | ；关 T0 中断允许                       |
|         | CLR    | TR0             | ；关闭定时器 T0                        |
|         | JB     | 03H，FSS         | ；标志为 1 转秒表处理程序（10ms 定时） |
|         | MOV    | A，#0B7H         | ；中断响应时间同步修正                 |
|         | ADD    | A，TL0           | ；低 8 位初值修正                      |
|         | MOV    | TL0，A           | ；重装初值（低 8 位修正值）            |
|         | MOV    | A，#3CH          | ；高 8 位初值修正                      |
|         | ADDC   | A，TH0           |                                        |
|         | MOV    | TH0，A           | ；重装初值（高 8 位修正值）            |
|         | SETB   | TR0             | ；开启定时器 T0                        |
|         | DJNZ   | R4，OUTT0        |                                        |
| ADDSS： | MOV    | R4，#14H         |                                        |
|         | MOV    | R0，#71H         | ；指向秒计时单元（71H～72H）           |
|         | ACALL  | ADD1            | ；调用加 1 程序（加 1s 操作）          |
|         | MOV    | A，R3            | ；秒数据放入 A（R3 为 2 位十进制数组合）|
|         | CLR    | C               | ；清进位标志                           |
|         | CJNE   | A，#60H，ADDMM   |                                        |
| ADDMM： | JC     | OUTT0           | ；短于 60s 时中断退出                  |
|         | ACALL  | CLR0            | ；长于或等于 60s 时对秒计时单元清 0    |
|         | MOV    | R0，#77H         | ；指向分计时单元（76H～77H）           |
|         | ACALL  | ADD1            | ；分计时单元加 1min                    |
|         | MOV    | A，R3            | ；分数据放入 A                         |
|         | CLR    | C               | ；清进位标志                           |
|         | CJNE   | A，#60，ADDHH    |                                        |
| ADDHH： | JC     | OUTT0           | ；短于 60min 时中断退出                |

| | ACALL | CLR0 | ; 长于或等于 60min 时分计时单元清 0 |
|---|---|---|---|
| | MOV | R0, #79H | ; 指向小时计时单元（78H～79H） |
| | ACALL | ADD1 | ; 小时计时单元加 1h |
| | MOV | A, R3 | ; 时数据放入 A |
| | CLR | C | ; 清进位标志 |
| | JB | 03H, OUTT0 | ; 秒表时最大数为 99 |
| | CJNE | A, #24H, HOUR | |
| HOUR: | JC | OUTT0 | ; 短于 24h 中断退出 |
| | ACALL | CLR0 | ; 长于或等于 24h 计时单元清 0 |
| OUTT0: | MOV | 72H, 76H | ; 中断退出时将分、时计时单元数据移 |
| | MOV | 73H, 77H | ; 入对应显示单元 |
| | MOV | 74H, 78H | |
| | MOV | 75H, 79H | |
| | POP | PSW | ; 恢复状态字（出栈） |
| | POP | ACC | ; 恢复累加器 |
| | SETB | ET0 | ; 开放 T0 中断 |
| | RETI | | ; 中断返回 |
| FSS: | MOV | A, #0F7H | ; 重装初值（10ms），中断响应时间同步修正 |
| | ADD | A, TL0 | ; 低 8 位初值修正 |
| | MOV | TL0, A | ; 重装初值（低 8 位修正值） |
| | MOV | A, #0D8H | ; 高 8 位初值修正 |
| | ADDC | A, TH0 | |
| | MOV | TH0, A | ; 重装初值（高 8 位修正值） |
| | SETB | TR0 | ; 开启定时器 T0 |
| | MOV | R0, #71H | ; 指向秒计时单元（71H～72H） |
| | ACALL | ADD1 | ; 调用加 1 程序（加 1s 操作） |
| | CLR | C | |
| | MOV | A, R3 | |
| | JZ | FSS1 | ; 加 1 后为 00, C = 0 |
| | SETB | C | ; 加 1 后不为 00, C = 1 |
| FSS1: | AJMP | ADDMM | |
| INTT1: | PUSH | ACC | ; 中断现场保护 |
| | PUSH | PSW | |
| | MOV | TL1, #0B0H | ; 装定时器 T1 定时初值 |
| | MOV | TH1, #3CH | |
| | DJNZ | R2, INTT1OUT | ; 0.3s 未到，退出中断（50ms 中断 6 次） |
| | MOV | R2, #06H | ; 重装 0.3s 定时用初值 |
| | CPL | 02H | ; 0.3s 定时到，对闪烁标志取"反" |
| | JB | 02H, FLASH1 | ; 02H 位为 1 时，显示单元"熄灭" |
| | MOV | 72H, 76H | ; 02H 位为 0 时，正常显示 |
| | MOV | 73H, 77H | |
| | MOV | 74H, 78H | |
| | MOV | 75H, 79H | |

| INTT1OUT： | POP | PSW | ；恢复现场 |
| | POP | ACC | |
| | RETI | | ；中断退出 |
| FLASH1： | JB | 01H，FLASH2 | ；01H 位为 1 时，转时（小时）熄灭控制 |
| | MOV | 72H，7AH | ；01H 位为 0 时，"熄灭符"数据放入分 |
| | MOV | 73H，7AH | ；显示单元（72H～73H），时（小时）数据将不显示 |
| | MOV | 74H，78H | |
| | MOV | 75H，79H | |
| | AJMP | INTT1OUT | ；转中断退出 |
| FLASH2： | MOV | 72H，76H | ；01H 位为 1 时，"熄灭符"数据放入时（小时） |
| | MOV | 73H，77H | ；显示单元（74H～75H），时（小时）数据将不显示 |
| | MOV | 74H，7AH | |
| | MOV | 75H，7AH | |
| | AJMP | INTT1OUT | ；转中断退出 |
| ADD1： | MOV | A，@R0 | ；取当前计时单元数据到 A |
| | DEC | R0 | ；指向前一地址 |
| | SWAP | A | ；A 中数据高四位与低四位交换 |
| | ORL | A，@R0 | ；前一地址中数据放入 A 中低四位 |
| | ADD | A，#01H | ；A 加 1 操作 |
| | DA | A | ；十进制调整 |
| | MOV | R3，A | ；移入 R3 寄存器 |
| | ANL | A，#0FH | ；高四位变 0 |
| | MOV | @R0，A | ；放回前一地址单元 |
| | MOV | A，R3 | ；取回 R3 中暂存数据 |
| | INC | R0 | ；指向当前地址单元 |
| | SWAP | A | ；A 中数据高四位与低四位交换 |
| | ANL | A，#0FH | ；高四位变 0 |
| | MOV | @R0，A | ；数据放入当前地址单元中 |
| | RET | | ；子程序返回 |
| SUB1： | MOV | A，@R0 | ；取当前计时单元数据到 A |
| | DEC | R0 | ；指向前一地址 |
| | SWAP | A | ；A 中数据高四位与低四位交换 |
| | ORL | A，@R0 | ；前一地址中数据放入 A 中低四位 |
| | JZ | SUB11 | |
| | DEC | A | ；A 减 1 操作 |
| SUB111： | MOV | R3，A | ；移入 R3 寄存器 |
| | ANL | A，#0FH | ；高四位变 0 |
| | CLR | C | ；清进位标志 |
| | SUBB | A，#0AH | |
| SUB1111： | JC | SUB1110 | |

|            | MOV   | @ R0, #09H  | ；大于等于 0AH，为 9            |
|------------|-------|-------------|-------------------------------|
| SUB110：   | MOV   | A, R3       | ；取回 R3 中暂存数据           |
|            | INC   | R0          | ；指向当前地址单元            |
|            | SWAP  | A           | ；A 中数据高四位与低四位交换   |
|            | ANL   | A, #0FH     | ；高四位变 0                   |
|            | MOV   | @ R0, A     | ；数据放入当前地址单元中      |
|            | RET   |             | ；子程序返回                   |
| SUB11：    | MOV   | A, #59H     |                               |
|            | AJMP  | SUB111      |                               |
| SUB1110：  | MOV   | A, R3       | ；移入 R3 寄存器              |
|            | ANL   | A, #0FH     | ；高四位变 0                   |
|            | MOV   | @ R0, A     |                               |
|            | AJMP  | SUB110      |                               |
| SUBB1：    | MOV   | A, @ R0     | ；取当前计时单元数据到 A      |
|            | DEC   | R0          | ；指向前一地址               |
|            | SWAP  | A           | ；A 中数据高四位与低四位交换   |
|            | ORL   | A, @ R0     | ；前一地址中数据放入 A 中低四位 |
|            | JZ    | SUBB11      | ；00 减 1 为 23h              |
|            | DEC   | A           | ；A 减 1 操作                  |
| SUBB111：  | MOV   | R3, A       | ；移入 R3 寄存器              |
|            | ANL   | A, #0FH     | ；高四位变 0                   |
|            | CLR   | C           | ；清进位标志                   |
|            | SUBB  | A, #0AH     | ；时个位大于 9 为 9           |
| SUBB1111： | JC    | SUBB1110    |                               |
|            | MOV   | @ R0, #09H  | ；大于等于 0AH，为 9          |
| SUBB110：  | MOV   | A, R3       | ；取回 R3 中暂存数据          |
|            | INC   | R0          | ；指向当前地址单元            |
|            | SWAP  | A           | ；A 中数据高四位与低四位交换   |
|            | ANL   | A, #0FH     | ；高四位变 0                   |
|            | MOV   | @ R0, A     | ；时十位数数据放入           |
|            | RET   |             | ；子程序返回                   |
| SUBB11：   | MOV   | A, #23H     |                               |
|            | AJMP  | SUBB111     |                               |
| SUBB1110： | MOV   | A, R3       | ；时个位小于 0A 不处理        |
|            | ANL   | A, #0FH     | ；高四位变 0                   |
|            | MOV   | @ R0, A     | ；个位移入                    |
|            | AJMP  | SUBB110     |                               |
| CLR0：     | CLR   | A           | ；清累加器                    |
|            | MOV   | @ R0, A     | ；清当前地址单元             |
|            | DEC   | R0          | ；指向前一地址               |
|            | MOV   | @ R0, A     | ；前一地址单元清 0           |
|            | RET   |             | ；子程序返回                   |
| SETMM：    | CLR   | ET0         | ；关定时器 T0 中断           |

| | CLR | TR0 | ; 关闭定时器 T0 |
|---|---|---|---|
| | LCALL | DL1S | ; 调用 1s 延时程序 |
| | JB | P1.0, CLOSEDIS | ; 键按下时间短于 1s, 关闭显示（省电） |
| | MOV | R2, #06H | ; 进入调时状态, 赋闪烁定时初值 |
| | SETB | ET1 | ; 允许 T1 中断 |
| | SETB | TR1 | ; 开启定时器 T1 |
| SET2: | JNB | P1.0, SET1 | ; P1.0 口为 0（键未释放）, 等待 |
| | SETB | 00H | ; 键释放, 分调整闪烁标志置 1 |
| SET4: | JB | P1.0, SET3 | ; 等待键按下 |
| | LCALL | DL05S | ; 有键按下, 延时 0.5s |
| | JNB | P1.0, SETHH | ; 按下时间长于 0.5s, 转调时（小时）状态 |
| | MOV | R0, #77H | ; 按下时间短于 0.5s, 加 1min 操作 |
| | LCALL | ADD1 | ; 调用加 1 子程序 |
| | MOV | A, R3 | ; 取调整单元数据 |
| | CLR | C | ; 清进位标志 |
| | CJNE | A, #60H, HHH | ; 调整单元数据与 60 比较 |
| HHH: | JC | SET4 | ; 调整单元数据小于 60, 转 SET4 循环 |
| | LCALL | CLR0 | ; 调整单元数据大于或等于 60 时, 清 0 |
| | CLR | C | ; 清进位标志 |
| | AJMP | SET4 | ; 跳转到 SET4 循环 |
| CLOSEDIS: | SETB | ET0 | ; 开启 T0 定时器（开时钟） |
| CLOSE: | JB | P1.0, CLOSE | ; 无按键按下, 等待 |
| | LCALL | DISPLAY | ; 有键按下, 调显示子程序延时消抖 |
| | JB | P1.0, CLOSE | ; 是干扰, 返回 CLOSE 等待 |
| WAITH: | JNB | P1.0, WAITH | ; 等待键释放 |
| | LJMP | START1 | ; 返回主程序（LED 数据显示亮） |
| SETHH: | CLR | 00H | ; 分闪烁标志清除, 进入调时（小时）状态 |
| SETHH1: | JNB | P1.0, SET5 | ; 等待键释放 |
| | SETB | 01H | ; 时（小时）调整标志置 1 |
| SET6: | JB | P1.0, SET7 | ; 等待按键按下 |
| | LCALL | DL05S | ; 有键按下, 延时 0.5s |
| | JNB | P1.0, SETOUT | ; 按下时间长于 0.5s, 退出时间调整 |
| | MOV | R0, #79H | ; 按下时间短于 0.5s, 加 1h 操作 |
| | LCALL | ADD1 | ; 调加 1 子程序 |
| | MOV | A, R3 | |
| | CLR | C | |
| | CJNE | A, #24H, HOUU | ; 计时单元数据与 24 比较 |
| HOUU: | JC | SET6 | ; 小于 24, 转 SET6 循环 |
| | LCALL | CLR0 | ; 大于或等于 24, 清 0 操作 |
| | AJMP | SET6 | ; 跳转到 SET6 循环 |
| SETOUT: | JNB | P1.0, SETOUT1 | ; 调时退出程序。等待键释放 |
| | LCALL | DISPLAY | ; 延时消抖 |
| | JNB | P1.0, SETOUT | ; 是抖动, 返回 SETOUT 再等待 |

| | CLR | 01H | ；清调时（小时）标志 |
|---|---|---|---|
| | CLR | 00H | ；清调分标志 |
| | CLR | 02H | ；清闪烁标志 |
| | CLR | TR1 | ；关闭定时器 T1 |
| | CLR | ET1 | ；关定时器 T1 中断 |
| | SETB | TR0 | ；开启定时器 T0 |
| | SETB | ET0 | ；开定时器 T0 中断（计时开始） |
| | LJMP | START1 | ；跳回主程序 |
| SET1： | LCALL | DISPLAY | ；键释放等待时调用显示程序（调分） |
| | AJMP | SET2 | ；防止键按下时无时钟显示 |
| SET3： | LCALL | DISPLAY | ；等待调分按键时显示用 |
| | JNB | P1.1，FUNSUB | ；减 1 分操作 |
| | AJMP | SET4 | ；调分等待 |
| SET5： | LCALL | DISPLAY | ；键释放等待时调用显示程序（调［小］时） |
| | AJMP | SETHH1 | ；防止键按下时无时钟显示 |
| SET7： | LCALL | DISPLAY | ；等待调时（小时）按键时显示用 |
| | JNB | P1.1，FUNSUBB | ；时（小时）减 1 操作 |
| | AJMP | SET6 | ；调时等待 |
| SETOUT1： | LCALL | DISPLAY | ；退出时钟调整时键释放等待 |
| | AJMP | SETOUT | ；防止键按下时无时钟显示 |
| FUNSUB： | LCALL | DISPLAY | ；消抖动 |
| | JB | P1.1，SET41 | ；干扰，返回调分等待 |
| FUNSUB1： | JNB | P1.1，FUNSUB1 | ；等待键放开 |
| | MOV | R0，#77H | |
| | LCALL | SUB1 | ；分减 1 程序 |
| | LJMP | SET4 | ；返回调分等待 |
| SET41： | LJMP | SET4 | |
| FUNSUBB： | LCALL | DISPLAY | ；消抖动 |
| | JB | P1.1，SET61 | ；干扰，返回调时等待 |
| FUNSUBB1： | JNB | P1.1，FUNSUBB1 | ；等待键放开 |
| | MOV | R0，#79H | |
| | LCALL | SUBB1 | ；时减 1 程序 |
| | LJMP | SET6 | ；返回调时等待 |
| SET61： | LJMP | SET6 | |
| DISPLAY： | MOV | R1，#70H | ；指向显示数据首址 |
| | MOV | R5，#0DFH | ；扫描控制字初值 |
| PLAY： | MOV | A，R5 | ；扫描字放入 A |
| | MOV | P2，A | ；从 P2 口输出 |
| | MOV | A，@R1 | ；取显示数据到 A |
| | MOV | DPTR，#TAB | ；取段码表地址 |
| | MOVC | A，@A+DPTR | ；查显示数据对应段码 |
| | MOV | P0，A | ；段码放入 P1 口 |
| | MOV | A，R5 | |

```
                JB          ACC.1, LOOP5          ; 小数点处理
                CLR         P0.7
LOOP5:          JB          ACC.3, LOOP6          ; 小数点处理
                CLR         P0.7
LOOP6:          LCALL       DL1MS                 ; 显示 1ms
                INC         R1                    ; 指向下一地址
                MOV         A, R5                 ; 扫描控制字放入 A
                JNB         ACC.0, ENDOUT         ; ACC.0 = 0 时, 一次显示结束
                RR          A                     ; A 中数据循环左移
                MOV         R5, A                 ; 放回 R5 内
                MOV         P0, #0FFH
                AJMP        PLAY                  ; 跳回 PLAY 循环
ENDOUT:         MOV         P2, #0FFH             ; 一次显示结束, P2 口复位
                MOV         P0, #0FFH             ; P0 口复位
                RET                               ; 子程序返回
TAB:            DB          0C0H, 0F9H, 0A4H, 0B0H
                DB          99H, 92H, 82H, 0F8H, 80H
                DB          90H, 0FFH, 88H, 0BFH
SDISPLAY:       MOV         R5, #0DFH             ; 扫描控制字初值
SPLAY:          MOV         A, R5                 ; 扫描字放入 A
                MOV         P2, A                 ; 从 P2 口输出
                MOV         A, @R1                ; 取显示数据到 A
                MOV         DPTR, #TABS           ; 取段码表地址
                MOVC        A, @A + DPTR          ; 查显示数据对应码段
                MOV         P0, A                 ; 段码放入 P0 口
                MOV         A, R5
                LCALL       DL1MS                 ; 显示 1ms
                INC         R1                    ; 指向下一地址
                MOV         A, R5                 ; 扫描控制字放入 A
                JNB         ACC.0, ENDOUTS        ; ACC.0 = 0 时, 一次显示结束
                RR          A                     ; A 中数据循环左移
                MOV         R5, A                 ; 放回 R5 内
                AJMP        SPLAY                 ; 跳回 PLAY 循环
ENDOUTS:        MOV         P2, #0FFH             ; 一次显示结束, P2 口复位
                MOV         P0, #0FFH             ; P0 口复位
                RET                               ; 子程序返回
TABS:           DB          0C0H, 0F9H, 0A4H, 0B0H
                DB          99H, 92H, 82H, 0F8H, 80H
                DB          90H, 0FFH, 88H, 0BFH
STAB:           DB          0AH, 0AH, 0AH, 0AH, 0AH
                DB          0AH, 0AH, 08H, 02H, 0CH
                DB          01H, 00H, 0BH, 0AH, 0AH
                DB          07H, 00H, 0CH, 02H, 01H
                DB          0CH, 03H, 00H, 00H, 02H
                DB          0AH, 0AH, 0AH, 0AH
```

|  | DB | 0AH, 0AH |  |
| ST: | MOV | R0, #40H | ; 将显示内容移入 40H~5FH 单元 |
|  | MOV | R2, #20H |  |
|  | MOV | R3, #00H |  |
|  | CLR | A |  |
|  | MOV | DPTR, #STAB |  |
| SLOOP: | MOVC | A, @A+DPTR |  |
|  | MOV | @R0, A |  |
|  | MOV | A, R3 |  |
|  | INC | A |  |
|  | MOV | R3, A |  |
|  | INC | R0 |  |
|  | DJNZ | R2, SLOOP | ; 移入完毕 |
|  | MOV | R1, #5AH |  |
|  | MOV | R3, #1BH | ; 显示 27 个单元 |
| SSLOOP: | MOV | R2, #32H | ; 控制移动速度 |
| SSLOOP1: | LCALL | SDISPLAY |  |
|  | DJNZ | R2, SSLOOP11 |  |
|  | MOV | A, R1 |  |
|  | SUBB | A, #07H | ; 显示首址修正为低 1 个单元 |
|  | MOV | R1, A |  |
|  | DJNZ | R3, SSLOOP |  |
|  | RET |  |  |
| SSLOOP11: | MOV | A, R1 | ; 指针修正为原值 |
|  | SUBB | A, #06H |  |
|  | MOV | R1, A |  |
|  | AJMP | SSLOOP1 |  |
| DL1MS: | MOV | R6, #14H |  |
| DL1: | MOV | R7, #19H |  |
| DL2: | DJNZ | R7, DL2 |  |
|  | DJNZ | R6, DL1 |  |
|  | RET |  |  |
| DS20MS: | ACALL | DISPLAY |  |
|  | ACALL | DISPLAY |  |
|  | ACALL | DISPLAY |  |
|  | RET |  |  |
| DL1S: | LCALL | DL05S |  |
|  | LCALL | DL05S |  |
|  | RET |  |  |
| DL05S: | MOV | R3, #20H | ; 8ms×32=0.196s |
| DL05S1: | LCALL | DISPLAY |  |
|  | DJNZ | R3, DL05S1 |  |
|  | RET |  |  |
|  | END |  | ; 程序结束 |

# 附　　录

## 附录1　MCS51 调试软件安装及使用

### A　MCS51 调试软件运行环境

PC 系列微机，主要参数如下。

CPU：PENTIUM 586 以上；

内存：64M；

显卡：VGA；

硬盘：10G 以上；

操作系统：WINDOWS 98/2000/XP 等。

### B　MCS51 调试软件的安装

（1）将标有 LGDS 的光盘放入光驱，运行 Setup 可执行文件，开始安装 MCS51 Windows 版工具软件。如附图 1 所示。

附图 1　安装画面

（2）单击"Next"，继续 MCS51 Windows 版软件的安装。如附图 2 所示。

（3）选择"Yes"继续软件安装。如附图 3 所示。

（4）输入使用者的信息后，单击"Next"，继续 MCS51 Windows 版软件的安装。如附图 4 所示。

（5）点击"Browse"，选择安装路径，或者使用默认路径，单击"Next"，继续安装软件。如附图 5 所示。

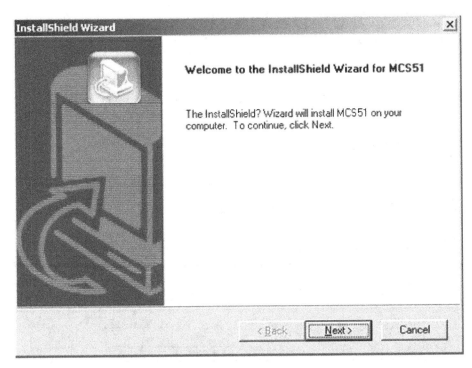

附图 2 安装画面 2

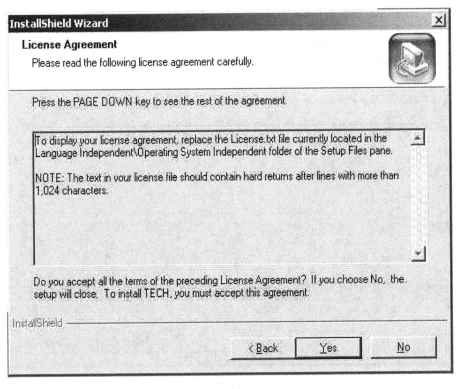

附图 3 安装画面 3

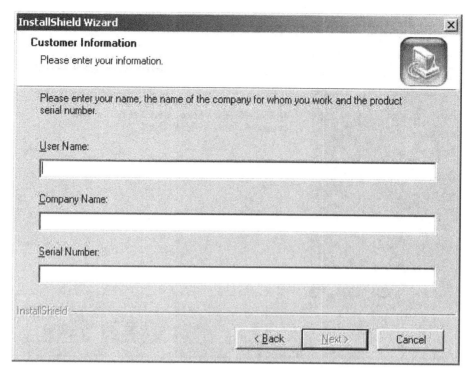

附图 4　安装画面 4

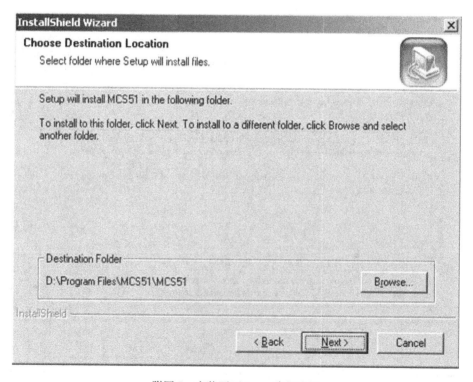

附图 5　安装画面 5——路径选择

（6）选择各种安装模式，默认"Typical"，继续安装。如附图 6 所示。

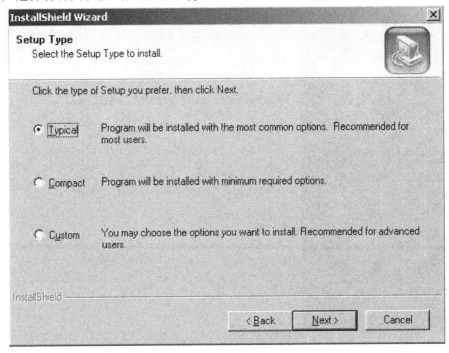

附图 6　安装画面 6

（7）单击"Next"，继续 MCS51 Windows 版软件的安装。如附图 7 所示。

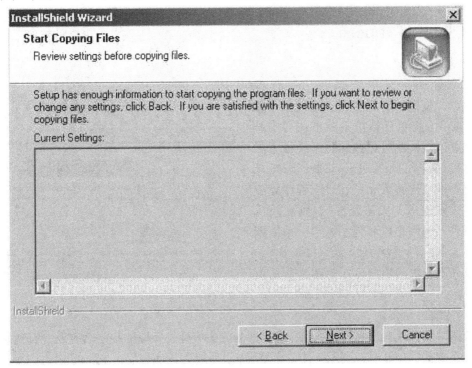

附图 7　安装画面 7

（8）单击"Finish"，完成 MCS51 Windows 版软件的安装。如附图 8 所示。

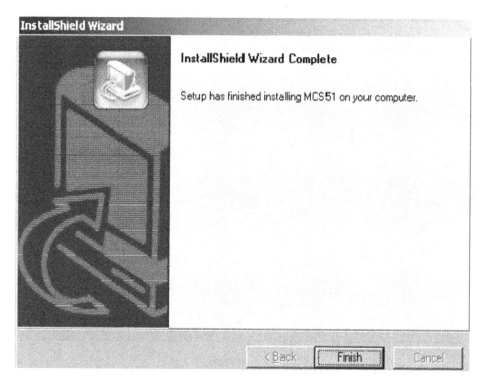

附图 8　安装画面 8——完成画面

### C　MCS51 调试软件的使用

a　软件启动

在"开始"菜单"程序"中选择"MCS51"，进入 MCS51 软件。出现如附图 9 所示窗口。提示计算机系统正在与实验系统建立连接，此时请按实验系统板上的"RESET"按键，如果通讯正常，则在计算机上提示"连接成功!"，进入程序集成环境。否则提示"无法复位"，则在脱机模式下进入程序集成环境主窗口。系统默认与实验系统的连接方式为串口 1 连接。串口及通讯参数的确定可在附图 9 所示窗口下设定。

附图 9　串口及通讯参数设定窗口

b　主窗口简介

主窗口共有以下几个区域组成：最上部为此集成开发环境的程序名称及打开的文件名称（当没有文件打开时，则无文件名称显示），一般为蓝底白字。它的下部为主菜单，主菜单的项目与工作状态有关，当没有文件打开或运行时，只有三项：文件、查看、帮助。

而当有文件打开时，则共有九项：文件、编辑、查看、编译、调试、控制对象、选项、窗口、帮助（主菜单的功能见功能详解）。在主菜单的下部为工具栏，自左至右为：新建 C 文件、新建汇编文件、打开（文件）、文件保存（存盘）、剪切、复制、粘贴、C 程序编译命令（Ctrl + F7）、C 程序连接命令（Shift + F7）、C 程序编译连接命令（F3）、汇编命令（F3）、开始调试（F5）、停止调试（Shift + F5）、程序复位（Ctrl + F2）、设置/清除断点（Ctrl + F8）、跟踪调试（F7）、单步执行（F8）、执行到光标行（F4）、运行（F9）、反汇编窗口（Alt + 5）、寄存器窗口（Alt + 2）、内部数据存储器窗口（Alt + 3）、外部数据存储器窗口（Alt + 4）、步进电机实验、炉温控制实验、电机调速实验、中止实验、帮助等。这些工具并不是同时有效。

在主界面的中央的大面积区域为文件的编辑区，可打开汇编文件、C 文件及其他形式的文本文件。在主界面的下部为状态栏，最左边为命令/提示栏，显示当前正在执行的命令或工作状态，当光标指向一个按钮时，此栏也显示此按钮的功能。第二栏为光标在编辑区域中所处的行、列位置，右边的两栏分别显示当前键盘字母键的大/小写状态及小键盘的状态（数字/命令）。

无文件打开时，下列工具有效：新建 C 文件、新建汇编文件、打开（文件）、当前文件为汇编文件（.asm）（非编辑状态）、新建 C 文件、新建汇编文件、打开（文件）、文件保存（存盘）、剪切、复制、汇编命令（F3）。

当前文件为 C51 文件（.c）（非编辑状态），下列工具有效：新建 C 文件、新建汇编文件、打开（文件）、文件保存（存盘）、剪切、复制、C 程序编译命令、C 程序连接命令、C 程序编译连接命令。

文件编辑状态，下列工具有效：剪切、复制、粘贴。

程序调试状态，下列工具有效：停止调试（Shift + F5）、程序复位（Ctrl + F2）、设置/清除断点（Ctrl + F8）跟踪调试（F7）、单步执行（F8）、执行到光标行（F4）、运行（F9）、反汇编窗口（Alt + 5）、寄存器窗口（Alt + 2）、内部数据存储器窗口（Alt + 3）、外部数据存储器窗口（Alt + 4）。

专用工具按钮：步进电机实验、炉温控制实验、电机调速实验、中止实验。

c 编辑程序

主窗口下，在"文件"中选择"新建"菜单，可进行 C 语言编辑或汇编语言编辑。也可以选择"打开"，打开现有的实验程序（选择后缀.ASM 或.C，可分别打开汇编语言程序和 C 语言实验程序）。如附图 10 所示。

d 编译调试

如附图 11 所示。程序编辑完成后，即可进行编译调试。主菜单中有"编译"栏，可对当前文件进行编译。"调试"栏可进行系统复位及其他调试手段。"选项"栏"通讯串口选项"可进行通讯口设置。"查看"栏可打开内存、外存、寄存器等窗口，通过修改存储器地址可查看不同地址区的内容，也可以对其进行修改。

寄存器修改：直接在寄存器窗口修改数值。

内存修改：直接在内存窗口修改。

注意事项：

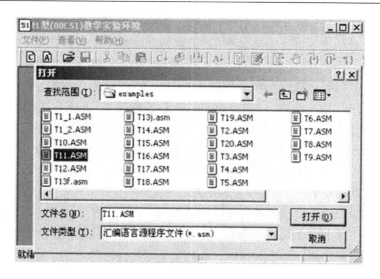

附图 10　"打开"窗口

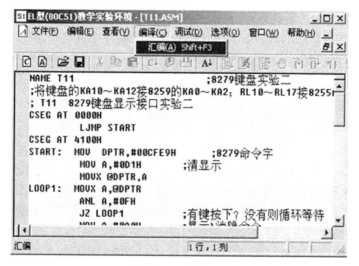

附图 11　编译调试

（1）汇编语言源程序文件名及文件所在的目录名应符合 DOS 文件系统规范（8 +
3——文件名不超过 8 个字母或数字，扩展名不超过 3 个字母或数字）。

（2）本软件系统安装的目录名也应符合 DOS 文件系统规范（同上）。

## 附录 2　Keil μVision4 软件使用步骤

Keil μVision4 软件是目前功能最强大的单片机 C 语言集成开发环境，下面通过图解的
方式来讲解该软件的使用步骤，学习如何从软件启动→新建工程 →新建源程序文件→配
置工程属性→源程序编译得到目标代码文件的整个过程。

第一步：软件启动。

（1）双击 Keil μVision4 的桌面快捷方式，启动 Keil 集成开发软件（附图 12）。

附图 12　软件启动时图标

（2）软件启动后的界面如附图 13 所示。

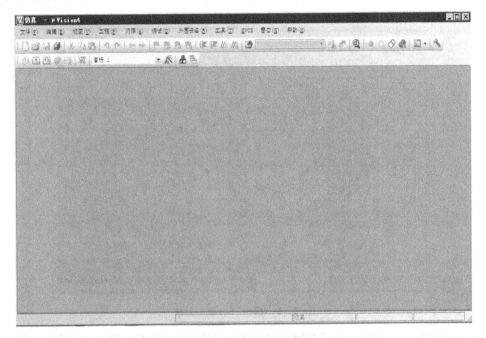

附图 13　软件启动后的界面

（3）Keil C 操作界面。点击工具栏中的视图（Y）中的（工程窗口）、窗口（W）中的（窗口复位）及文件（F）中的（新建），将出现如附图 14 所示窗口，在新建文本编辑窗中编辑状态的操作界面主要由 5 部分组成。

菜单项主要有：文件、编辑、视图、工程、调试、外围设备、工具、软件版本控制系统（SVCS）、窗口、帮助，菜单栏中英文与中文的互对如附图 15 所示。

第二步：新建工程。

（1）新建一个工程项目。如附图 16 所示，单击"工程"（Project）→选择"新建工程"命令（New Project），将出现保存工程对话框（附图 17）：选择保存位置，输入工程的名字，Keil 工程默认扩展名为"．uv2"，工程名称不用输入扩展名，一般情况下使工程文件名称和源文件名称相同即可，输入名称后保存。

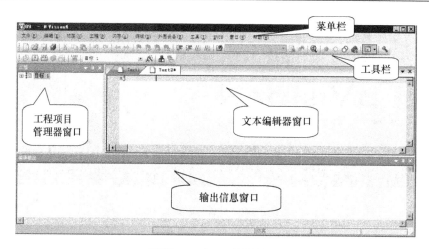

附图 14　Keil C 操作界面

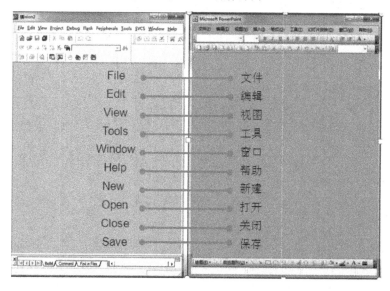

附图 15　菜单栏中英文对表

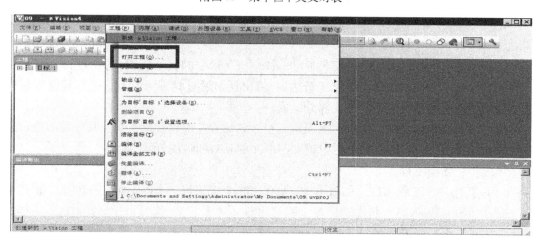

附图 16　新建工程项目窗口

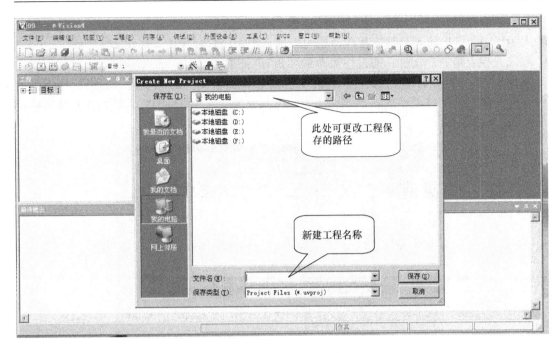

附图 17　保存新建工程窗口

（2）选择器件。将出现"选择设备"对话框（附图 18），为工程选择 CPU 型号，单片机型号可选择 Atmel 公司下的 AT89C51 单片机（附图 19）。

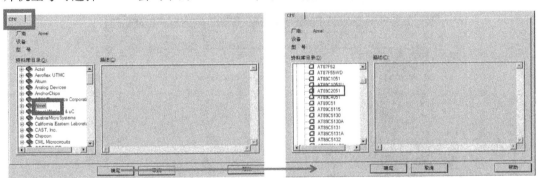

附图 18　选择单片机芯片公司界面　　　　　附图 19　选择单片机型号界面

在出现附图 20 结果时：如果使用汇编来编程，请选择"否"；如果使用 C51 来编程，请选择"是"。

附图 20　确定选择编程语言对话框

第三步：新建源程序文件。

（1）在主菜单的"File"下拉列表中选"New"命令项，在打开的新建文件编辑窗中输入源程序，可以输入 C 语言程序，也可以输入汇编语言程序，如附图 21 所示。

（2）保存源程序文件：通过主菜单的"File"下拉列表中"Save"进行文件保存。文件保存为"文件名 . asm"的文件。保存文件时必须加上文件的扩展名，如果使用汇编语言编程，那么保存时文件的扩展名为" . asm"，如果是 C 语言程序，文件的扩展名使用" ∗ . C "（附图 22）。

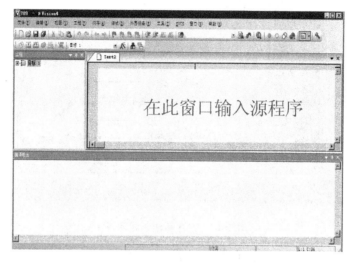

附图 21　编辑源程序窗口

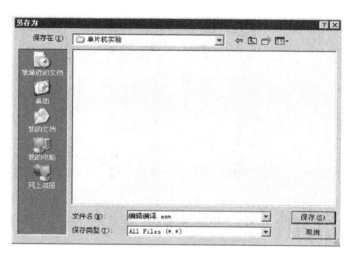

附图 22　保存源程序文件

（3）添加源文件到工程。在项目管理窗口里，先单击"目标 1"（Target1）前面的" ＋ "号将其展开，在"源组 1"（Source Group 1）上单击鼠标右键，在弹出的如附图 23 所示的列表中选择"添加文件到组'源组 1'"（Add Files to Group'Source Group 1'）中，弹出浏览窗口。如果是汇编程序文件，则需要在文件类型列表框中选择 Asm Source File 类型在"文件类型"框中选择"Asm Source file"，找到"文件名 . asm"文件后单击"Add"按钮，将程序文件添加至工程项目中。添加文件后的工程窗口如附图 24 所示。

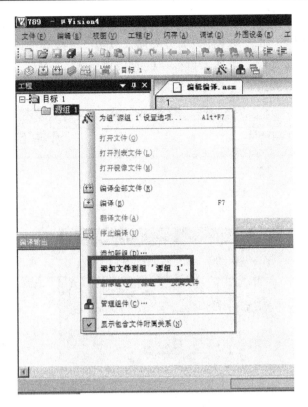

附图 23　添加文件窗口

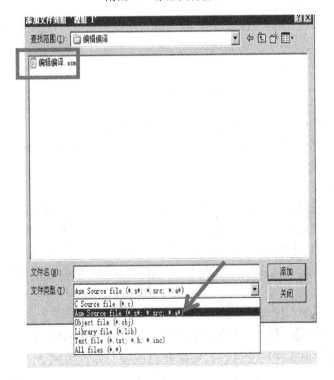

附图 24　选择文件类型

　　点击 Add 按钮后，把文件添加到工程中，此时添加文家对话框并不会自动关闭，而是等待继续添加其他文件，初学者往往以为没有加入成功，再次双击该文件，则会出现附图 25 所示对话框，表示该文件不再加入目标。此时应该点击"确定"按钮，返回到前一对话框，再点击"关闭"按钮，返回到主界面。

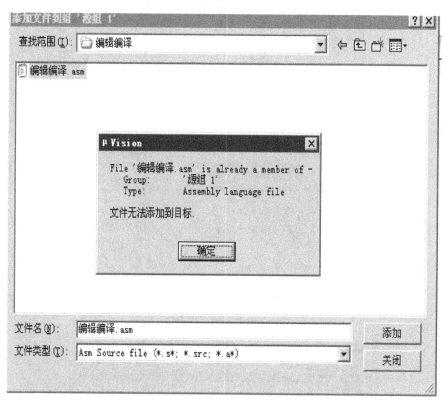

附图 25　重复加入文件对话框

　　当给工程添加源程序文件成功后，工程管理器中的"Source Group 1"文件夹的前面会出现一个"＋"号，单击"＋"号，展开文件夹，可以看到 lich1.asm 已经出现在里面，双击即可打开该文件进行编辑修改源程序，附图 26 中文件已成功加入工程中。

　　第四步：配置工程属性。

　　选中项目管理窗口中的"目标 1"（Target1），单击鼠标右键，选择"为目标'目标 1'设置选项"（Options for Target 'Target1'）命令，出现如附图 27 所示的目标属性窗口。该窗口共有 10 个属性设置项，用户可根据实际需要进行设置。这里仅对"Output"选项进行设置，在"Create HEX File"复选框前画上"√"，完成相应设置。设置生成 HEX 文件。

　　第五步：编译程序，生成目标代码。

　　在工具栏 中，单击"编译全部文件"（Rebuild all target files）按钮，对程序进行编译并生成目标代码文件，若程序正确无误，则在附图 28 所示的信息输出窗口中将显示"0 Error（s），0 Warning（s）"，编译结果为 0 错误，0 警告，若有错误请修改程序直至无误为止。

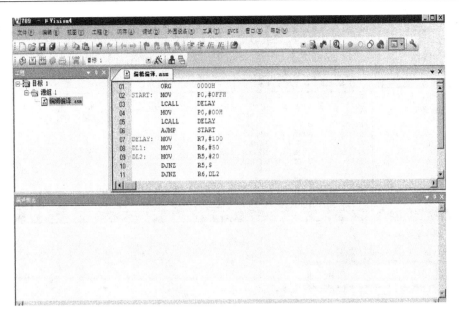

附图26　添加文件后的窗口

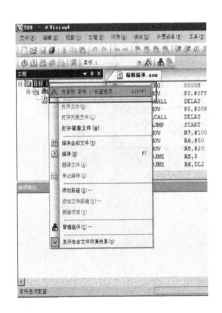

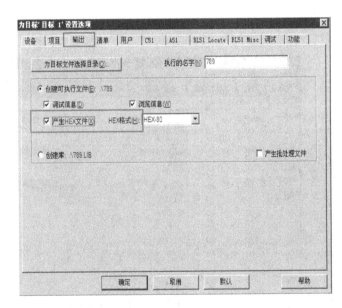

附图27　目标属性窗口

　　编译通过后，打开工程文件夹（附图29），可以看到文件夹中有了"编辑编译.hex"，这就是所需要的最终目标文件，用编程器把该文件写入单片机芯片中，单片机就可以实现我们程序的功能了。

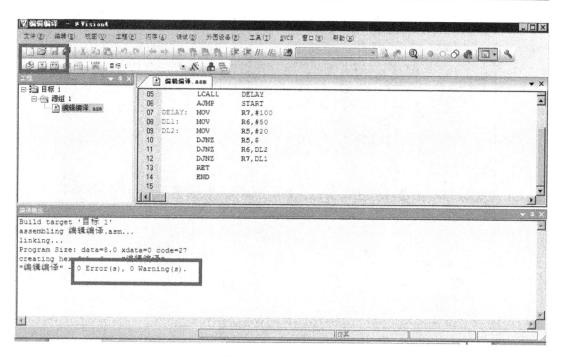

附图 28　编译结果窗口

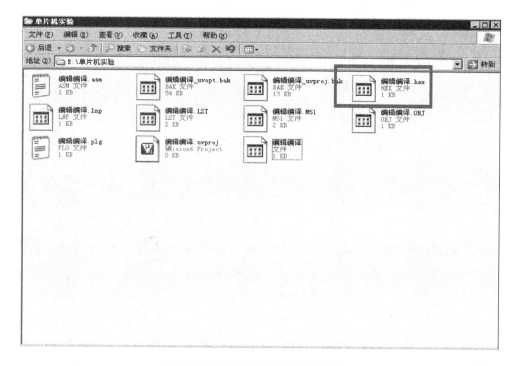

附图 29　编辑编译生成目标文件窗口

# 附录 3　Proteus 仿真软件使用步骤

　　Proteus 软件是 Labcenter Electronics 公司的一款电路设计与仿真软件，它包括 ISIS、ARES 等软件模块，ARES 模块主要用来完成 PCB 的设计，而 ISIS 模块用来完成电路原理图的布图与仿真。Proteus 的软件仿真基于 VSM 技术，它与其他软件最大的不同也是最大的优势就在于它能仿真大量的单片机芯片，比如 MCS – 51 系列、PIC 系列等等，以及单片机外围电路，比如键盘、LED、LCD 等。

　　第一步：软件的启动

　　双击桌面上的 ISIS 7 Professional 图标或者单击在桌面的"开始"程序菜单中，在桌面上选择【开始】→【程序】→"Proteus 7 Professional"，出现如附图 30 所示屏幕，表明进入 Proteus ISIS 集成环境。

附图 30　Proteus 启动界面

　　在接下来出现的附图 31 所示对画框中，勾选"不再显示本对话框"。

附图 31　查看设计范例

　　第二步：工作界面。

　　（1）Proteus ISIS 的工作界面是一种标准的 Windows 界面，如附图 32 所示。包括标题栏、主菜单、标准工具栏、绘图工具栏、状态栏、对象选择按钮、预览对象方位控制按钮、仿真进程控制按钮、预览窗口、对象选择器窗口、图形编辑窗口。

　　（2）Proteus 的主界面可分为三大窗口（编辑窗口、器件工具窗口、浏览窗口）和两大菜单［主菜单与辅助菜单（通用工具与专用工具菜单）］，其中主菜单有：

1）文件菜单：新建、加载、保存、打印；

2）浏览菜单：图纸网络设置，快捷工具选项；

3）编辑菜单：取消、剪切、拷贝、粘贴；

4）库操作菜单：器件封装库、编辑库管理；

5）工具菜单：实时标注自动放线，网络表生成，电气规则检查；

6）设计菜单：设计属性编辑，添加删除图纸，电源配置；

7）图形分析菜单：传输特性/频率特性分析，编辑图形，增加曲线，运行分析；

8）源文件菜单：选择可编程器件的源文件，编辑工具，外部编辑器等；

9）调试菜单：启动调试，复位调试；

10）模板菜单：设置模板格式加载模板；

11）系统菜单：设置运行环境，系统信息，文件路径；

12）帮助菜单：帮助文件、设计实例。

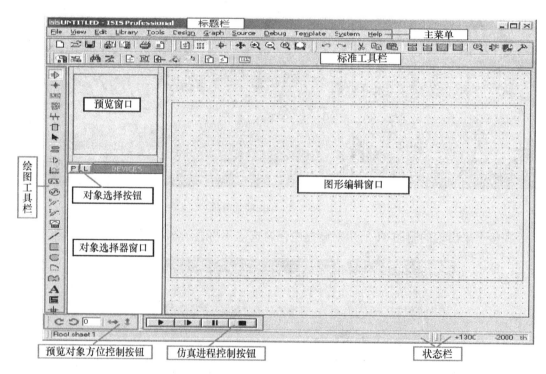

附图 32　工作界面

先来看一下"绘图工具栏"里的对象拾取区。

：选择模式（Selection Mode）。通常情况下都需要选中它，比如布局时和布线时。

：组件模式（Component Mode）。点击该按钮，能够显示出"对象选择器窗口"中的元器件，以便选择。

：线路标签模式（Wire Label Mode）。选中它并单击文档区电路连线能够为连线添加标签。经常与总线配合使用。

⊞：文本模式（Text Script Mode）。选中它能够为文档添加文本。

╫：总线模式（Buses Mode）。选中它能够在电路中画总线。

▤：终端模式（Terminals Mode）。选中它能够为电路添加各种终端，比如输入、输出、电源、地等等。

▥：虚拟仪器模式（Virtual Instruments Mode）。选中它能够在"对象选择器窗口"中看到很多虚拟仪器，比如示波器、电压表、电流表等。

第三步：绘制电路原理图。

（1）选取元器件。

1）将所需元器件加入到对象选择器窗口：先选择"绘图工具栏"的"放大器符号样"图标（该工具栏的第二个图标）；再点击启动界面"对象选择按钮"区域中的"P"按钮来打开"Pick Devices"（拾取元器件）对话框从元件库中拾取所需的元器件；在对话框中的"关键字"（Keywords）里面输入要检索元器件的关键词，可以输入器件类型名称或者类型，窗口中部即出现相应类型的器件；若鼠标选中器件，窗口右侧会出现该器件的引脚图和封装图。比如我们要选择项目中使用的 AT89C51，就可以直接输入"AT89C51"关键字，然后在搜索结果中找到所需的 AT89C51，点击窗口右下角的"确定"按钮，即将器件排列在"Devices"栏目下了；或者直接双击被选的器件，也能收到同样的操作结果。如附图 33 所示。

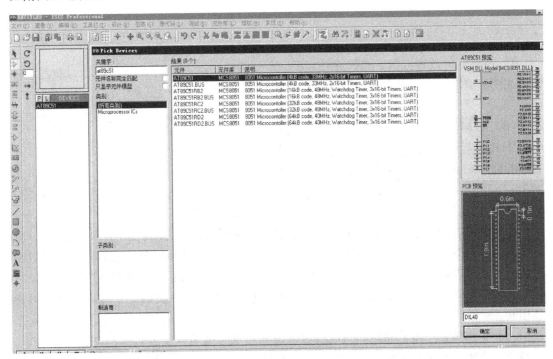

附图 33　选取元器件对话框

2）放置元器件。把相应元件从对象选择器中放置到图形编辑区中，如选中 AT89C51，将鼠标置于图形编辑窗口该对象的欲放位置、单击鼠标左键，该对象被完成放置。其他元器件放置方法相同。如附图 34 所示。

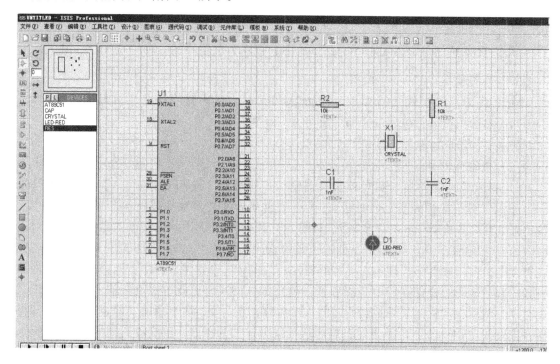

附图 34　放置元器件界面

3）改变元件放置方向，元件在预览/编辑窗口或图形编辑区时，点击旋转键。如附图 35 所示。

（2）编辑（修改）元件参数。在放置区中选中元件后使之变红，再点击左键从弹出"编辑属性（Edit Component）"对话框中 [附图 36 （a）]，点击进入编辑元件属性，在此中只需改变"元件标注和元件型号"即可 [附图 3-36 （b）]。

附图 35　旋转键

举例修改电阻方法如下：首先电阻双击图标，弹出编辑元件属性中 "Resistance" 就是电阻值，可以在其后的框中根据需要填入相应的电阻值。填写时需注意其格式，可以随便填写，也可以取默认，如果直接填写数字，则单位默认为 Ω；如果在数字后面加上 K 或者 k，则表示 kΩ。这里填入 220，表示 220Ω。但要注意在同一文档中不能有两个组件标签相同。

（3）电路连接。电路布线时只需要单击选择起点，然后在需要转弯的地方单击一下，按照所需走线的方向移动鼠标到线的终点单击即可。

放置网络标号：鼠标左击导线，出现属性对话框时，输入网络标号（附图 37）。

添加电源的方法：

1）Proteus 中单片机芯片默认已经添加电源与地，所以可以省略不画。

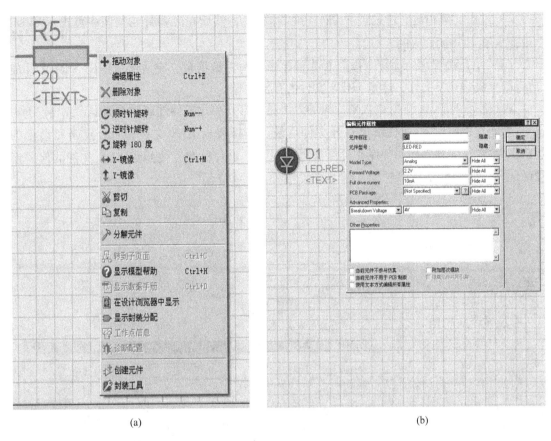

(a)　　　　　　　　　　　　　　　　　　(b)

附图 36　编辑（修改）元件参数

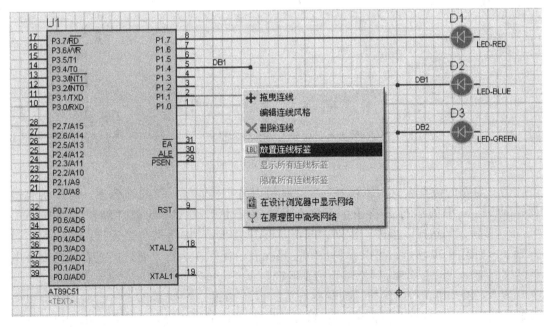

附图 37　放置网络标号对话框

2）添加电源和地。首先点击 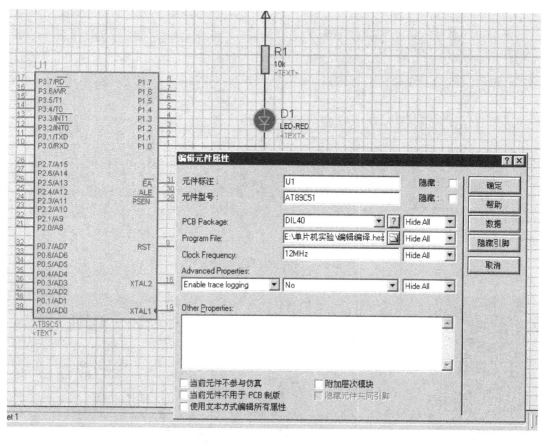（终端模式），然后在元器件浏览区中点击 POWER（电源）和 GOUND（地）。

（4）单片机程序的加载。借助 Keil 程序设计与汇编平台，完成编辑编译 ASM 文件成功后即生成 . HEX 文件，注意 . HEX 文件的存储路径。

将程序（HEX 文件）载入单片机的方法是：打开单片机器件属性对话框，点击"Program Files"框右侧的栏目里打开文件目录，选择装入 HEX 文件即可。点击对话框的"OK"按钮，回到文档，程序文件就添加完毕了，单片机此后按照该 HEX 文件的代码运行程序（附图 38）。

附图 38　单片机程序的加载

（5）电路的仿真运行。装载好程序，就可以进行仿真了。首先来熟悉一下"仿真进程控制按钮"中的运行工具条。工具条从左到右依次是"Play"、"Step"、"Pause"、"Stop"按钮，即运行、步进、暂停、停止。点击"Play"按钮来仿真运行，观察程序运行效果，如附图 39 所示，可以看到系统按照我们的程序在运行，而且还能看到其高低电平的实时变化。点击"Stop"来停止仿真运行。

注意：单片机运行速度与晶振频率有关，目前 Proteus 的版本不支持晶振器属性里所设置的频率值，单片机晶振频率须在单片机器件本身的属性里设置，即打开单片机器件属性对话框，在其"Clock Frequency"栏目里输入频率值。

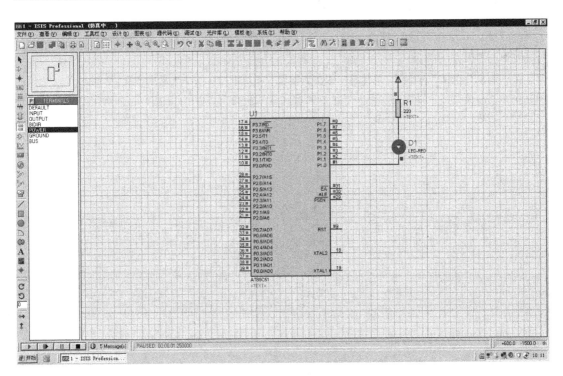

附图 39　电路的仿真运行界面

# 参 考 文 献

［1］马彪. 单片机应用技术［M］. 上海：同济大学出版社，2009.

［2］张永枫，王静霞，刘守义. 单片机应用实训教程［M］. 北京：清华大学出版社，2008.

［3］李光飞，楼然苗，胡加文，等. 单片机课程设计实例指导［M］. 北京：北京航空航天大学出版社，2004.

# 冶金工业出版社部分图书推荐

| 书　名 | 作　者 | 定价(元) |
|---|---|---|
| 现代企业管理(第2版)(高职高专教材) | 李　鹰 | 42.00 |
| Pro/Engineer Wildfire 4.0(中文版)钣金设计与焊接设计教程(高职高专教材) | 王新江 | 40.00 |
| Pro/Engineer Wildfire 4.0(中文版)钣金设计与焊接设计教程实训指导(高职高专教材) | 王新江 | 25.00 |
| 应用心理学基础(高职高专教材) | 许丽遐 | 40.00 |
| 建筑力学(高职高专教材) | 王　铁 | 38.00 |
| 建筑CAD(高职高专教材) | 田春德 | 28.00 |
| 冶金生产计算机控制(高职高专教材) | 郭爱民 | 30.00 |
| 冶金过程检测与控制(第3版)(高职高专教材) | 郭爱民 | 48.00 |
| 天车工培训教程(高职高专教材) | 时彦林 | 33.00 |
| 机械制图(高职高专教材) | 阎　霞 | 30.00 |
| 机械制图习题集(高职高专教材) | 阎　霞 | 28.00 |
| 冶金通用机械与冶炼设备(第2版)(高职高专教材) | 王庆春 | 56.00 |
| 矿山提升与运输(第2版)(高职高专教材) | 陈国山 | 39.00 |
| 高职院校学生职业安全教育(高职高专教材) | 邹红艳 | 22.00 |
| 煤矿安全监测监控技术实训指导(高职高专教材) | 姚向荣 | 22.00 |
| 冶金企业安全生产与环境保护(高职高专教材) | 贾继华 | 29.00 |
| 液压气动技术与实践(高职高专教材) | 胡运林 | 39.00 |
| 数控技术与应用(高职高专教材) | 胡运林 | 32.00 |
| 洁净煤技术(高职高专教材) | 李桂芬 | 30.00 |
| 单片机及其控制技术(高职高专教材) | 吴　南 | 35.00 |
| 焊接技能实训(高职高专教材) | 任晓光 | 39.00 |
| 心理健康教育(中职教材) | 郭兴民 | 22.00 |
| 起重与运输机械(高等学校教材) | 纪　宏 | 35.00 |
| 控制工程基础(高等学校教材) | 王晓梅 | 24.00 |
| 固体废物处置与处理(本科教材) | 王　黎 | 34.00 |
| 环境工程学(本科教材) | 罗　琳 | 39.00 |
| 机械优化设计方法(第4版) | 陈立周 | 42.00 |
| 自动检测和过程控制(第4版)(本科国规教材) | 刘玉长 | 50.00 |
| 金属材料工程认识实习指导书(本科教材) | 张景进 | 15.00 |
| 电工与电子技术(第2版)(本科教材) | 荣西林 | 49.00 |
| 计算机网络实验教程(本科教材) | 白　淳 | 26.00 |
| FORGE塑性成型有限元模拟教程(本科教材) | 黄东男 | 32.00 |